上海市中等职业学校
数字媒体技术应用
专业教学标准

上海市教师教育学院（上海市教育委员会教学研究室）编

上海教育出版社
SHANGHAI EDUCATIONAL
PUBLISHING HOUSE

上海市教育委员会关于印发上海市中等职业学校
第六批专业教学标准的通知

各区教育局,各有关部、委、局、控股(集团)公司:

为深入贯彻党的二十大精神,认真落实《关于推动现代职业教育高质量发展的意见》等要求,进一步深化上海中等职业教育教师、教材、教法"三教"改革,培养适应上海城市发展需求的高素质技术技能人才,市教委组织力量研制《上海市中等职业学校数字媒体技术应用专业教学标准》等 12 个专业教学标准(以下简称《标准》,名单见附件)。

《标准》坚持以习近平新时代中国特色社会主义思想为指导,强化立德树人、德技并修,落实课程思政建设要求,将价值观引导贯穿于知识传授和能力培养过程,促进学生全面发展。《标准》坚持以产业需求为导向明确专业定位,以工作任务为线索确定课程设置,以职业能力为依据组织课程内容,及时将相关职业标准和"1 + X"职业技能等级证书标准融入相应课程,推进"岗课赛证"综合育人。

《标准》正式文本由上海市教师教育学院(上海市教育委员会教学研究室)另行印发,请各相关单位认真组织实施。各学校主管部门和相关教育科研机构,要根据《标准》加强对学校专业教学工作指导。相关专业教学指导委员会、师资培训基地等,要根据《标准》组织开展教师教研与培训。各相关学校,要根据《标准》制定和完善专业人才培养方案,推动人才培养模式、教学模式和评价模式改革创新,加强实验实训室等基础能力建设。

附件:上海市中等职业学校第六批专业教学标准名单

上海市教育委员会
2023 年 6 月 17 日

附件

上海市中等职业学校第六批专业教学标准名单

序号	专业教学标准名称	牵头开发单位
1	数字媒体技术应用专业教学标准	上海信息技术学校
2	首饰设计与制作专业教学标准	上海信息技术学校
3	建筑智能化设备安装与运维专业教学标准	上海市西南工程学校
4	商务英语专业教学标准	上海市商业学校
5	城市燃气智能输配与应用专业教学标准	上海交通职业技术学院
6	幼儿保育专业教学标准	上海市群益职业技术学校
7	新型建筑材料生产技术专业教学标准	上海市材料工程学校
8	药品食品检验专业教学标准	上海市医药学校
9	印刷媒体技术专业教学标准	上海新闻出版职业技术学校
10	连锁经营与管理专业教学标准	上海市现代职业技术学校
11	船舶机械装置安装与维修专业教学标准	江南造船集团职业技术学校
12	船体修造技术专业教学标准	江南造船集团职业技术学校

目 录

第二部分
上海市中等职业学校数字媒体技术应用专业课程标准

第一部分

PART 1

上海市中等职业学校
数字媒体技术应用专业教学标准

▌专业名称（专业代码）

数字媒体技术应用（710204）

▌入学要求

初中毕业或相当于初中毕业文化程度

▌学习年限

三年

▌培养目标

本专业坚持立德树人、德技并修、学生德智体美劳全面发展，主要面向数字媒体技术应用等领域的企事业单位，培养具有良好的思想品德和职业素养，必备的文化和专业基础知识，能从事计算机图形图像处理、计算机动画制作、数字影音制作、数字音像设备使用与维护、虚拟现实与增强现实项目开发等相关工作，具有职业生涯发展基础的知识型发展型技术技能人才。

▌职业范围

序号	职业领域	职业（岗位）	职业技能等级证书 （名称、等级、评价组织）
1	动画制作	动画制作人员、广告设计与制作人员、数字媒体制作人员、三维场景建模人员、游戏美术设计与制作人员	● 数字创意建模职业技能等级证书（初级） 评价组织：浙江中科视传科技有限公司

（续表）

序号	职业领域	职业（岗位）	职业技能等级证书 （名称、等级、评价组织）
2	数字影音处理	音视频制作人员、新媒体制作人员、数字媒体制作人员、广告设计与制作人员	● 数字影像处理职业技能等级证书(初级) 评价组织：中摄协国际文化传媒（北京）有限公司
3	虚拟现实技术应用	数字媒体制作人员、虚拟现实建模人员、虚拟现实美术设计人员、虚拟现实制作人员、UI界面设计人员	● 虚拟现实应用设计与制作职业技能等级证书(初级) 评价组织：福建省网龙普天教育科技有限公司

注：上述证书为教育部"1＋X"职业技能等级证书。

人才规格

1. 职业素养

- 具有正确的世界观、人生观、价值观，坚定拥护中国共产党的领导，践行社会主义核心价值观，具有深厚的爱国情感和强烈的民族自豪感。
- 具有精益求精、严谨细致、认真执着、吃苦耐劳的工匠精神和职业态度。
- 具有对新知识、新技能的学习能力和爱岗敬业、乐于奉献、敢于承担、勇于创新的职业精神。
- 具有敏锐的艺术鉴赏力、洞察力以及良好的艺术修养。
- 具有遵纪守法意识，自觉遵守数字媒体行业相关职业道德和法律法规。
- 具有规范意识、环保意识、安全意识、服务意识。
- 具有团队合作意识以及较强的人际沟通与团队协作能力。

2. 职业能力

- 能使用图形图像处理软件对图形图像进行处理。
- 能使用软件进行平面广告设计与制作。
- 能使用音频处理软件进行音频制作。
- 能正确处理各种不同类型的数字媒体素材。
- 能使用绘画工具及软件进行线稿设计和美术设计。
- 能使用工具进行数字媒体作品设计与制作。

动画制作（技能）方向：

- 能使用绘画工具及软件进行分镜头脚本设计与制作。

- 能使用二维、三维制作软件进行角色和场景制作。
- 能使用软件进行二维、三维动画片制作。

数字影音处理（技能）方向：

- 能使用摄影摄像工具进行拍摄。
- 能使用影视制作软件进行后期剪辑与合成。
- 能使用影视制作软件进行影视特效制作。
- 能使用影视制作软件进行数字音视频节目制作。

虚拟现实技术应用（技能）方向：

- 能使用工具进行虚拟场景的三维模型制作。
- 能掌握虚拟现实引擎的使用方法。
- 能使用虚幻引擎软件进行作品制作与测试。

主要接续专业

高等职业教育专科：数字媒体技术（510204）、虚拟现实技术应用（510208）、动漫制作技术（510215）、数字媒体艺术设计（550103）、游戏艺术设计（550109）、动漫设计（550116）、摄影与摄像艺术（550118）、广播影视节目制作（560202）、影视动画（560206）、影视多媒体技术（560208）、摄影摄像技术（560212）等

高等职业教育本科：数字媒体技术（310204）、虚拟现实技术（310208）、数字媒体艺术（350103）、游戏创意设计（350109）、数字影像设计（350111）、影视摄影与制作（360202）、数字广播电视技术（360203）、数字动画（360206）等

工作任务与职业能力分析

工作领域	工作任务	职　业　能　力
1. 摄影摄像	1-1　图片拍摄	1-1-1　能按照操作规范使用数码相机 1-1-2　能根据需求设置数码相机的参数 1-1-3　能根据需求合理选择镜头 1-1-4　能使用数码相机拍摄建筑、静物、人像等照片 1-1-5　能根据光型要求进行布光 1-1-6　能使用测光设备测量曝光量 1-1-7　能根据拍摄要求进行构图 1-1-8　能使用常用摄影附件 1-1-9　能对照片进行优选 1-1-10　能使用影像处理软件调整优化拍摄照片的影调、色彩等

工作领域	工作任务	职　业　能　力
1. 摄影摄像	1-2　视频拍摄	1-2-1　能按照操作规范使用数字摄像机
		1-2-2　能根据需求设置数字摄像机的参数
		1-2-3　能根据镜头拍摄需求合理设置三脚架
		1-2-4　能根据视听语言完成拍摄的前期准备
		1-2-5　能使用数字摄像机完成风光片拍摄
		1-2-6　能使用数字摄像机完成采访片拍摄
		1-2-7　能根据需求完成演播室多机位访谈拍摄
		1-2-8　能完成拍摄素材的整理及备份
2. 实用美术设计	2-1　线稿绘制	2-1-1　能绘制石膏几何体和单个静物的线稿
		2-1-2　能绘制静物组合的空间透视图和结构图、人物头像和五官结构造型
		2-1-3　能运用专业绘图软件绘制线稿
		2-1-4　能绘制风景速写
		2-1-5　能绘制人物速写
	2-2　三大构成运用	2-2-1　能运用点、线、面构成平面效果
		2-2-2　能运用纯度、明度、色相、冷暖构成色彩效果
		2-2-3　能运用角、边、表面构成立体效果
		2-2-4　能绘制单个石膏几何体的明暗光影
		2-2-5　能绘制单个静物的明暗光影
		2-2-6　能绘制静物组合的明暗光影
		2-2-7　能绘制静物组合的色彩关系
		2-2-8　能运用专业绘图软件表现明暗和色彩关系
		2-2-9　能绘制色环、色立体
		2-2-10　能根据需求设计色彩搭配方案
		2-2-11　能根据需求完成点、线、面的构成处理
		2-2-12　能根据需求完成矢量图形和素材制作
		2-2-13　能运用动画运动规律呈现动画效果
3. 图形图像处理	3-1　图像管理	3-1-1　能使用照片管理软件管理素材
		3-1-2　能区分并选择不同的数字图片格式
		3-1-3　能根据需求转换不同格式的数字文件
	3-2　图像处理	3-2-1　能根据需求校正图像色彩
		3-2-2　能修复和校正图像,调整图像结构
		3-2-3　能抠取图像元素
		3-2-4　能根据需求实现图像增效处理
		3-2-5　能根据需求实现图像合成与特效处理
		3-2-6　能自动批处理图像
		3-2-7　能完成图像输出和存储

工作领域	工作任务	职　业　能　力	
3. 图形图像处理	3-3 图形制作	3-3-1	能使用图像处理及矢量制作软件制作简单图形
		3-3-2	能使用图像处理及矢量制作软件制作创意图形
	3-4 文字处理	3-4-1	能根据需求编辑与排版文字
		3-4-2	能使用图像处理及矢量制作软件制作简单文字
		3-4-3	能使用图像处理及矢量制作软件制作创意文字
	3-5 图形图像综合应用	3-5-1	能使用图像处理及矢量制作软件完成图标设计制作
		3-5-2	能使用图像处理及矢量制作软件完成名片设计制作
		3-5-3	能使用图形图像制作软件完成平面海报设计制作
		3-5-4	能使用图形图像制作软件完成手提袋图案设计制作
		3-5-5	能使用图像处理及矢量制作软件完成易拉宝设计制作
4. 数字音频处理	4-1 数字音频系统组建	4-1-1	能正确选择和使用信号线连接模拟和数字音频设备
		4-1-2	能按照行业规范操作数字音频系统
	4-2 配音录制	4-2-1	能正确选择和使用人声录音器材
		4-2-2	能录制多媒体人声节目
		4-2-3	能对人声配音进行音色修正处理
	4-3 音效录制	4-3-1	能选择和使用合适的传声器进行室内外环境声拾音
		4-3-2	能在室内外录制多媒体音效
		4-3-3	能正确使用便携式录音设备
		4-3-4	能使用音频软件的降噪功能提高录音质量
		4-3-5	能根据行业标准对录音进行艺术加工
	4-4 数字音频合成	4-4-1	能选择和使用合适的音频软件进行多轨音频合成与编辑
		4-4-2	能正确发布音频合成作品
5. 界面设计	5-1 设计规范	5-1-1	能根据产品设计规范进行项目管理
		5-1-2	能根据设计需求合理使用平面构成的基本形式和方法进行设计与布局
		5-1-3	能根据色彩搭配原理对产品进行配色
		5-1-4	能根据版式设计原理和构图法则进行界面排版
	5-2 图标和界面设计	5-2-1	能根据图标的类型、常用格式和尺寸规范设计图标
		5-2-2	能使用平面软件制作矢量线性、扁平化、拟物化、卡通风格等不同类型的图标
		5-2-3	能根据界面的构图方式制作产品界面
		5-2-4	能根据任务需求设计制作不同类型的界面

(续表)

工作领域	工作任务	职 业 能 力
5. 界面设计	5-3 交互设计	5-3-1 能根据产品设计开发的工作流程理解分析产品定位,提升用户体验
		5-3-2 能理解产品需求,完成基本功能和流程设计
		5-3-3 能搭建交互设计框架,绘制线框图
		5-3-4 能结合使用场景制定实用化交互设计规范
		5-3-5 能根据产品需求绘制低保真原型设计图
		5-3-6 能使用原型设计软件搭建交互层级结构
		5-3-7 能根据设计需求制作常用交互动效
	5-4 测试与输出	5-4-1 能根据系统适配的规则和原理标注设计图
		5-4-2 能根据设计需求对界面进行切图标注
		5-4-3 能根据行业标准对产品进行测试
		5-4-4 能按照开发规范输出各种终端产品
6. 平面动画设计与制作	6-1 原画设计	6-1-1 能根据剧本要求进行概念设计
		6-1-2 能根据概念设计绘制三视图
		6-1-3 能根据概念设计绘制场景
		6-1-4 能根据概念设计绘制角色
		6-1-5 能设计制作角色的面部表情
		6-1-6 能设计制作角色的肢体动作
		6-1-7 能设计制作动物类的动画效果
		6-1-8 能设计制作自然现象类的动画效果
		6-1-9 能设计制作音画同步的动画效果
	6-2 分镜设计	6-2-1 能完成从文字剧本到分镜脚本的分析
		6-2-2 能根据分镜脚本绘制各类素材
		6-2-3 能根据分镜脚本制作动态分镜
		6-2-4 能运用视听语言进行分镜脚本绘制
	6-3 平面动画制作	6-3-1 能根据需求编写动画分镜脚本
		6-3-2 能根据动画分镜脚本制作角色动画
		6-3-3 能根据需求制作角色元件
		6-3-4 能根据需求制作场景元件
		6-3-5 能为各元件建立独立图层并规范命名
		6-3-6 能根据动画分镜脚本制作道具动画
		6-3-7 能根据动画分镜脚本制作镜头动画
		6-3-8 能根据动画分镜脚本制作中间画
		6-3-9 能根据需求制作动画片头、片尾和字幕
		6-3-10 能根据需求制作动画特效
		6-3-11 能根据需求输出动画视频

（续表）

工作领域	工作任务	职　业　能　力
7. 三维动画设计与制作	7-1　三维模型基座	7-1-1　能使用软件自带的基本物体搭建简单模型
		7-1-2　能根据需求创建曲线
		7-1-3　能根据需求调整和编辑曲线
		7-1-4　能根据需求进行多边形的基本操作
		7-1-5　能根据需求选择合适的建模方法
		7-1-6　能根据概念设计制作三维卡通场景
		7-1-7　能制作低精度道具模型
		7-1-8　能根据原画设计和三视图制作卡通角色模型
		7-1-9　能根据需求制作室内三维写实场景
		7-1-10　能根据需求制作室外三维写实场景
	7-2　材质与贴图设置	7-2-1　能根据模型特性设置材质
		7-2-2　能根据模型特性设置贴图
		7-2-3　能根据模型特性进行正确的 UV 拆分
		7-2-4　能使用常见的渲染引擎
	7-3　基础动画制作	7-3-1　能使用关键帧制作基础动画
		7-3-2　能根据需求建立合适的骨骼模型
		7-3-3　能对模型进行蒙皮与权重设置
		7-3-4　能制作符合运动规律的三维动画
		7-3-5　能使用粒子系统和空间扭曲制作不同类型的粒子动画
	7-4　灯光与摄像机设置	7-4-1　能根据需求进行灯光参数设置
		7-4-2　能根据场景设定合理布置灯光
		7-4-3　能根据场景设定制作摄像机镜头动画
	7-5　环境特效与渲染输出	7-5-1　能根据场景设定添加动画视频后期特效
		7-5-2　能根据需求合理设计渲染方案
8. 影视剪辑	8-1　素材管理	8-1-1　能区分原始素材的来源和渠道
		8-1-2　能使用广播电影电视行业标准进行素材管控
		8-1-3　能使用素材管理工具完成原始素材的分类整理
		8-1-4　能完成图片、音视频文件的格式转换
	8-2　视频剪辑	8-2-1　能按照要求对镜头进行筛选、整理和排列
		8-2-2　能使用剪辑工具完成剪辑点修正
		8-2-3　能使用变速工具完成视频节奏调整
		8-2-4　能根据音乐节奏和特点组接视频片段
		8-2-5　能合理添加转场特效以完成镜头衔接
		8-2-6　能完成多机位项目的剪辑制作
		8-2-7　能根据故事情节确定声乐基调，添加背景音乐

（续表）

工作领域	工作任务	职　业　能　力
8. 影视剪辑	8-3　视频处理	8-3-1　能完成镜头运动动画制作 8-3-2　能使用视频稳定效果修复视频画面抖动 8-3-3　能使用视频范围评估视频的影调和色调 8-3-4　能完成视频片段的一级、二级调色以优化视频效果 8-3-5　能使用字幕工具完成影片字幕制作
	8-4　标题制作	8-4-1　能完成片头设计与制作 8-4-2　能完成片尾设计与制作 8-4-3　能完成旁白字幕制作
	8-5　音频处理	8-5-1　能完成音频标准化制作 8-5-2　能对人声配音进行降噪处理 8-5-3　能对音频进行音色修正处理 8-5-4　能完成简单的混音制作
	8-6　影片输出	8-6-1　能根据发布平台的要求完成数字发布 8-6-2　能根据需求打包和备份项目文件
9. 影视后期特效制作	9-1　预合成制作	9-1-1　能分类整理镜头所需的素材 9-1-2　能根据需求完成镜头粗剪 9-1-3　能根据设定完成镜头预合成
	9-2　动画制作	9-2-1　能运用关键帧完成动画制作 9-2-2　能根据需求进行运动路径绘制 9-2-3　能使用图形编辑器完成动画节奏调整
	9-3　合成制作	9-3-1　能根据设定完成三维渲染素材和实拍素材合成 9-3-2　能根据设定完成三维空间的场景搭建 9-3-3　能根据设定完成图层材质属性设置 9-3-4　能根据设定合理创建灯光并完成相关设置 9-3-5　能根据设定完成摄像机创建和编辑 9-3-6　能使用视频评估工具完成视频的影调和色调分析
	9-4　调色制作	9-4-1　能正确选择色彩配置文件，对素材进行还原 9-4-2　能使用调色工具完成相同场景镜头之间的色彩匹配 9-4-3　能按照创作要求对镜头进行风格化调色处理
	9-5　影像跟踪	9-5-1　能使用运动跟踪技术消除镜头抖动 9-5-2　能使用运动跟踪技术完成二维动态匹配 9-5-3　能使用运动跟踪技术完成三维动态匹配
	9-6　抠像制作	9-6-1　能使用蓝幕或绿幕键控工具完成抠像制作 9-6-2　能使用 Roto Brush 工具完成手动抠像制作

(续表)

工作领域	工作任务	职　业　能　力
9. 影视后期特效制作	9-7　特效制作	9-7-1　能使用特效软件完成粒子制作 9-7-2　能使用特效软件完成动态光效制作 9-7-3　能制作文字特效
	9-8　镜头输出	9-8-1　能使用动态链接工具完成多软件协同工作 9-8-2　能根据需求输出最终镜头
10. 数字创意建模	10-1　游戏道具制作	10-1-1　能根据原画设计和三视图制作道具模型 10-1-2　能根据道具特点对模型结构进行修改 10-1-3　能合理安排道具模型布线,突出道具特点 10-1-4　能对道具模型进行正确的 UV 拆分 10-1-5　能理解道具结构,完成贴图绘制
	10-2　三维场景制作	10-2-1　能根据原画设计和三视图制作场景模型 10-2-2　能对场景模型进行正确的 UV 拆分 10-2-3　能理解场景结构,完成贴图绘制 10-2-4　能根据场景设定进行灯光设置
	10-3　游戏角色制作	10-3-1　能根据设计绘制三视图 10-3-2　能根据原画设计和三视图制作角色模型 10-3-3　能合理安排角色模型布线,突出角色特点 10-3-4　能对角色模型进行正确的 UV 拆分 10-3-5　能理解角色结构,完成贴图绘制
	10-4　工业产品制作	10-4-1　能根据平面设计图制作工业产品模型 10-4-2　能根据产品需求设置合适的多边形数量和贴图大小 10-4-3　能根据产品特性完成材质设置 10-4-4　能合理设置灯光,突出产品质感
11. 三维动画制作与输出	11-1　动画创意理解与表述	11-1-1　能准确理解三维动画创意 11-1-2　能运用语言准确描述动画效果 11-1-3　能运用各种素材形象描述动画效果 11-1-4　能运用肢体语言表达角色动作 11-1-5　能使用画笔工具简单描绘动画效果
	11-2　动画模型绑定	11-2-1　能建立并链接卡通角色模型 11-2-2　能建立并绑定人物角色的骨骼系统 11-2-3　能建立人物角色的表情模型 11-2-4　能建立并链接非角色模型
	11-3　角色动画制作	11-3-1　能制作卡通角色动画 11-3-2　能制作人物角色的四肢协调动画 11-3-3　能制作人物角色的眉毛、眼睛、嘴巴等表情动画 11-3-4　能制作人物角色与配件的互动动画

工作领域	工作任务	职　业　能　力	
11. 三维动画制作与输出	11-4 非角色动画制作	11-4-1	能制作场景中的道具动画
		11-4-2	能制作文字动画
		11-4-3	能制作粒子系统动画
	11-5 摄像机镜头动画制作	11-5-1	能制作角色的多角度展示动画
		11-5-2	能熟练运用镜头语言表达动画发展过程
		11-5-3	能制作镜头的过渡动画
	11-6 动画视频特效与输出	11-6-1	能正确输出动画序列文件
		11-6-2	能对动画文件的部分序列进行修改并添加视频特效
		11-6-3	能导出符合要求的动画视频文件
12. 虚拟现实引擎应用	12-1 虚拟环境搭建	12-1-1	能正确安装虚拟现实引擎
		12-1-2	能根据项目需求设置引擎基础参数
		12-1-3	能正确导入图像素材
		12-1-4	能正确导入模型素材
		12-1-5	能正确导入动画素材
		12-1-6	能在引擎中调整模型的位置和比例
		12-1-7	能在引擎中合理搭建地形
		12-1-8	能在引擎中进行场景合成
	12-2 模型材质处理	12-2-1	能为模型制作光滑表面材质
		12-2-2	能为模型制作粗糙表面材质
		12-2-3	能为模型制作透明属性材质
		12-2-4	能在引擎中正确配置模型材质
		12-2-5	能在引擎中设置粒子效果
		12-2-6	能为粒子效果设置材质
	12-3 环境光照渲染	12-3-1	能在环境中正确设置灯光
		12-3-2	能根据项目需求合理设置灯光参数
		12-3-3	能根据项目需求设计并搭建光照环境
		12-3-4	能在环境中正确设置摄像机
		12-3-5	能合理设置摄像机后处理效果
		12-3-6	能合理设置引擎渲染参数
		12-3-7	能使用引擎进行光照渲染调试
13. 虚拟现实与增强现实应用	13-1 交互功能制作	13-1-1	能根据项目需求搭建软件开发环境
		13-1-2	能正确设置环境物理属性
		13-1-3	能实现角色移动功能
		13-1-4	能正确配置角色动画
		13-1-5	能制作镜头运动动画
		13-1-6	能实现模型交互功能
		13-1-7	能实现音频交互功能
		13-1-8	能实现视频交互功能
		13-1-9	能在引擎中正确配置 UI 界面
		13-1-10	能实现 UI 交互功能

（续表）

工作领域	工作任务	职　业　能　力
13. 虚拟现实与增强现实应用	13-2　产品打包发布	13-2-1　能根据虚拟现实硬件设备正确配置 SDK 13-2-2　能根据增强现实硬件设备正确配置 SDK 13-2-3　能根据平台的要求正确打包发布虚拟现实作品 13-2-4　能根据平台的要求正确打包发布增强现实作品
	13-3　产品运行测试	13-3-1　能根据产品特性搭建配套的软件和硬件测试环境 13-3-2　能正确安装虚拟现实硬件设备并进行调试 13-3-3　能正确安装增强现实硬件设备并进行调试 13-3-4　能运行虚拟现实产品并进行测试 13-3-5　能运行增强现实产品并进行测试

课程结构

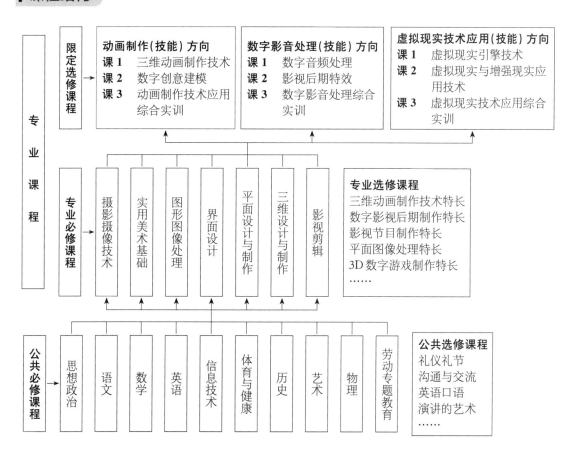

专业课程

序号	课程名称	主要教学内容与要求	技能考核项目与要求	参考学时
1	摄影摄像技术	**主要教学内容：** 数码相机和数字摄像机的使用，常用摄影附件和灯光的使用，建筑、静物、人像等照片的拍摄，数字暗房的处理，新闻采访、演播室多机位访谈的视频拍摄，媒体资产管理等相关基础知识和基本技能 **主要教学要求：** 通过本课程的学习，学生能熟悉摄影摄像的基本理论知识，能使用数码相机及其附件拍摄建筑、静物、人像等照片，能使用影像处理软件调整优化拍摄照片的影调、色彩等，能使用数字摄像机拍摄采访片，能多机位拍摄访谈片，能根据需求备份、管理拍摄数据，具备"摄影摄像"工作领域的职业能力	**考核项目：** 建筑、静物、人像等照片的拍摄，数字图像的基础调整，新闻采访、演播室多机位访谈的视频拍摄，媒体资产管理等 **考核要求：** 达到"1＋X"数字影像处理职业技能等级证书(初级)的相关考核要求	108
2	实用美术基础	**主要教学内容：** 线稿绘制、明暗表现、色彩表现、运动规律等相关基础知识和基本技能 **主要教学要求：** 通过本课程的学习，学生能理解实用美术的基本理论知识，掌握构成语言、传统绘画和数字绘画等基本技能，具备"实用美术设计"工作领域的职业能力	**考核项目：** 线稿绘制、明暗表现、色彩表现、运动规律等 **考核要求：** 达到"1＋X"数字影像处理职业技能等级证书(初级)的相关考核要求	144
3	图形图像处理	**主要教学内容：** 图像管理和文件格式转换、图像色彩校正、图像修复和校正、图像元素抠取、图像增效处理、图像合成与特效处理、图形制作、文字处理、图像输出和存储等相关基础知识和基本技能 **主要教学要求：** 通过本课程的学习，学生能熟悉图形图像处理的基本理论知识，掌握图形图像处理的基本技能，具备"图形图像处理"工作领域的职业能力	**考核项目：** 图形图像的基本概念与基本操作、图形图像调整、图形图像增效处理、文字处理与设计、图形图像输出等 **考核要求：** 符合"1＋X"数字影像处理职业技能等级证书(初级)的相关考核要求	72
4	界面设计	**主要教学内容：** 产品项目管理，页面设计与布局，图标的类型、常用格式和尺寸规范，不同类型图标制作，不同类型页面制作，客户与产品需求分析，产品测试与输出等相关基础知识和基本技能	**考核项目：** 项目设计基础、图标和界面设计、交互设计、产品测试与输出等	72

(续表)

序号	课程名称	主要教学内容与要求	技能考核项目与要求	参考学时
4	界面设计	**主要教学要求：** 通过本课程的学习,学生具备从事界面设计所必需的基础知识和基本技能,熟悉图标和界面的设计规范,能根据需求设计制作不同风格的图标和界面,分析客户需求,对产品效果图进行简单的交互处理,具备"界面设计"工作领域的职业能力	**考核要求：** 达到"1＋X"数字影像处理职业技能等级证书(初级)的相关考核要求	
5	平面设计与制作	**主要教学内容：** 概念设计、三视图绘制、场景绘制、角色绘制、分镜设计绘制、元件制作、镜头动画制作、中间动画制作等相关基础知识和基本技能 **主要教学要求：** 通过本课程的学习,学生能掌握概念设计的方法,能设计制作角色的面部表情、肢体动作和各类动画效果,能运用视听语言绘制分镜脚本,能运用常见二维动画制作角色元件、场景元件,能制作各类动画,能制作动画片头、片尾和字幕并进行输出,具备"平面动画设计与制作"工作领域的职业能力	**考核项目：** 概念设计、三视图绘制、场景绘制、角色绘制、动作表情绘制、分镜设计绘制、角色元件制作、场景元件制作、镜头动画制作、角色动画制作、道具动画制作、中间动画制作等 **考核要求：** 达到"1＋X"数字创意建模职业技能等级证书(初级)的相关考核要求	72
6	三维设计与制作	**主要教学内容：** 三维卡通场景制作、卡通角色模型制作、室内外三维写实场景制作、UV拆分、材质与贴图设置、基础动画制作、骨骼模型创建、蒙皮与权重设置、粒子动画制作、灯光布局、摄像机动画制作、动画视频后期特效制作、渲染输出作品等相关基础知识和基本技能 **主要教学要求：** 通过本课程的学习,学生能掌握三维数字作品制作的基础知识和基本技能,能进行三维建模、材质与贴图设置、渲染合成等,具备"三维动画设计与制作"工作领域的职业能力	**考核项目：** 三维软件的基本操作、三维模型制作、材质与贴图设置、基础动画制作、灯光与摄像机设置、环境特效与渲染输出等 **考核要求：** 达到"1＋X"数字创意建模职业技能等级证书(初级)的相关考核要求	144
7	影视剪辑	**主要教学内容：** 素材导入与管理、简单视频编辑、运动效果设计、视频转场设计、视频特效处理、音频处理、片头片尾制作、作品导出等相关基础知识和基本技能 **主要教学要求：** 通过本课程的学习,学生能熟悉影视剪辑的基本理论知识,能使用相关软件完成影视剪辑的项目创建、素材编辑、特效制作、背景音乐设置、作品输出等全流程工作,具备"影视剪辑"工作领域的职业能力	**考核项目：** 素材导入与管理、简单视频编辑、运动效果设计、视频转场设计、视频特效处理、音频处理、片头片尾制作、作品导出等 **考核要求：** 达到"1＋X"数字影像处理职业技能等级证书(初级)的相关考核要求	108

序号	课程名称	主要教学内容与要求	技能考核项目与要求	参考学时
8	三维动画制作技术	**主要教学内容：** 三维动画概念演绎、动画模型绑定、角色动画制作、非角色动画制作、摄像机镜头动画制作、动画视频特效与输出等相关基础知识和基本技能 **主要教学要求：** 通过本课程的学习，学生能熟悉三维动画制作技术的基本理论知识，能完成动画效果和过程的描述，建立相关模型，并根据要求制作动画，能熟练地运用镜头进行表达，添加特效并进行输出，具备"三维动画制作与输出"工作领域的职业能力	**考核项目：** 三维动画概念演绎、动画模型绑定、角色动画制作、非角色动画制作、摄像机镜头动画制作、动画视频特效与输出等 **考核要求：** 达到"1＋X"数字创意建模职业技能等级证书（初级）和"1＋X"虚拟现实应用设计与制作职业技能等级证书（初级）的相关考核要求	108
9	数字创意建模	**主要教学内容：** 游戏道具制作、三维场景制作、游戏角色制作、工业产品制作、材质与灯光设置、渲染输出等相关基础知识和基本技能 **主要教学要求：** 通过本课程的学习，学生能了解三维数字模型制作的基本理论知识和创作技巧，能使用软件制作游戏道具、三维场景、游戏角色和工业产品等模型，具备"数字创意建模"工作领域的职业能力	**考核项目：** 游戏道具、三维场景、游戏角色和工业产品模型制作，模型布线调整，正确的UV拆分，贴图绘制，角色三视图绘制，灯光设置，产品质感体现等 **考核要求：** 达到"1＋X"数字创意建模职业技能等级证书（初级）的相关考核要求	108
10	数字音频处理	**主要教学内容：** 数字音频系统组建，音乐修饰，人声及室内外音效录制，音频降噪与修正，数字音频合成、编辑与发布，数字音视频合成、编辑与发布等相关基础知识和基本技能 **主要教学要求：** 通过本课程的学习，学生能掌握数字音频处理的基本理论知识，能完成设备连接并规范操作数字音频系统，能完成各类录音、音色修正并提升质量，最终发布作品，具备"数字音频处理"工作领域的职业能力	**考核项目：** 数字音频系统组建，音乐修饰，人声及室内外音效录制，音频降噪与修正，数字音频合成、编辑与发布，数字音视频合成、编辑与发布等 **考核要求：** 达到"1＋X"数字影像处理职业技能等级证书（初级）的相关考核要求	72

（续表）

序号	课程名称	主要教学内容与要求	技能考核项目与要求	参考学时
11	影视后期特效	**主要教学内容：** 预合成制作、动画制作、合成制作、调色制作、影像跟踪、抠像制作、特效制作、镜头输出等相关基础知识和基本技能 **主要教学要求：** 通过本课程的学习，学生能了解影视后期处理的基本理论知识，能掌握视频剪辑、视频编辑与制作、影视后期特效制作、影视合成等基本技能，具备"影视后期特效制作"工作领域的职业能力	**考核项目：** 对工作任务进行分析、转化、序化，完成项目管理、动画制作、合成制作、调色制作、影像跟踪、抠像制作、特效制作、镜头输出等 **考核要求：** 达到"1＋X"数字影像处理职业技能等级证书（初级）的相关考核要求	144
12	虚拟现实引擎技术	**主要教学内容：** 虚拟现实引擎安装和配置、素材导入、场景合成、不同材质制作、光照环境搭建、摄像机设置、引擎渲染参数设置、光照渲染调试等相关基础知识和基本技能 **主要教学要求：** 通过本课程的学习，学生能了解虚拟现实引擎技术的基本原理和主要功能，初步具备虚拟现实作品的设计与制作能力，能完成项目创建、素材整理、场景合成、灯光设置、参数设置、场景渲染等工作，具备"虚拟现实引擎应用"工作领域的职业能力	**考核项目：** 虚拟现实项目创建、素材导入与整理、虚拟场景合成、灯光设置、光照环境搭建、引擎渲染参数设置、光照渲染调试等 **考核要求：** 达到"1＋X"虚拟现实应用设计与制作职业技能等级证书（初级）的相关考核要求	108
13	虚拟现实与增强现实应用技术	**主要教学内容：** 地形创建、粒子特效制作、交互界面制作、交互功能开发、产品发布、虚拟现实软硬件安装和配置、产品运行和测试等相关基础知识和基本技能 **主要教学要求：** 通过本课程的学习，学生能了解实现虚拟现实与增强现实交互效果的技术原理，掌握不同硬件设备的类别与使用方法，也能根据项目需求进行合理设计，制作带有虚拟现实或增强现实交互效果的作品，并通过相应的设备进行交互演示，具备"虚拟现实与增强现实应用"工作领域的职业能力	**考核项目：** 地形创建、粒子特效制作、物理系统设置、交互界面制作、交互功能开发、产品打包发布、虚拟现实软硬件安装和配置、产品运行和测试等 **考核要求：** 达到"1＋X"虚拟现实应用设计与制作职业技能等级证书（初级）的相关考核要求	108

指导性教学安排

1. 指导性教学安排

课程分类		课程名称	总学时	总学分	各学期周数、学时分配					
					1	2	3	4	5	6
					18周	18周	18周	18周	18周	20周
必修课程	公共必修课程	思想政治	144	8	2	2	2	2		
		语文	216	12	4	4	4			
		数学	216	12	4	4	4			
		英语	216	12	4	4	4			
		信息技术	108	6	6					
		体育与健康	180	10	2	2	2	2	2	
		历史	72	4	2	2				
		艺术	36	2	1	1				
		物理	72	4	2	2				
		劳动专题教育	16	1	1					
		小计	1 276	71	28	21	16	4	2	
	专业必修课程	摄影摄像技术	108	6			3	3		
		实用美术基础	144	8			4	4		
		图形图像处理	72	4			4			
		界面设计	72	4				4		
		平面设计与制作	72	4				4		
		三维设计与制作	144	8				8		
		影视剪辑	108	6				6		
		小计	720	40		7	11	22		
限定选修课程（选一个方向）	动画制作	三维动画制作技术	108	6					6	
		数字创意建模	108	6					6	
	数字影音处理	数字音频处理	72	4					4	
		影视后期特效	144	8					8	
	虚拟现实技术应用	虚拟现实引擎技术	108	6					6	
		虚拟现实与增强现实应用技术	108	6					6	
选修课程			308	18	由各校自主安排					
岗位实习			600	30						30
合计			3 120	171	28	28	28	28	28	30

2. 关于指导性教学安排的说明

（1）本教学计划是 3 年制指导性教学计划。每学年为 52 周，其中有效教学时间 40 周（每学期有效教学时间 18 周），周有效学时为 28—30 学时，岗位实习一般按每周 30 小时（1 小时折合 1 学时）安排，3 年总学时约为 3 000—3 300 学时。

（2）实行学分制的学校一般按 16—18 学时为 1 学分进行换算，3 年制总学分不得少于 170。军训、社会实践、入学教育、毕业教育等活动以 1 周为 1 学分，共 5 学分。

（3）公共必修课程的学时一般占总学时的 1/3，不低于 1 000 学时。公共必修课程中的思想政治、语文、数学、英语、信息技术、体育与健康、历史和艺术等课程，严格按照教育部和上海市教育委员会颁布的相关学科课程标准实施教学。除了教育部和上海市教育委员会规定的必修课程之外，各校可根据学生专业学习需要，开设相关课程的选修模块或其他公共基础选修课程。

（4）专业课程的学时一般占总学时的 2/3，其中岗位实习原则上安排一学期。学校要认真落实教育部等八部门印发的《职业学校学生实习管理规定》，在确保学生实习总量的前提下，可根据实际需要集中或分阶段安排实习时间。

（5）选修课程占总学时的比例不少于 10%，由各校根据专业培养目标，自主开设专业特色课程。

（6）学校可根据需要对课时比例作适当的调整。实行弹性学制的学校（专业）可根据实际情况安排教学活动的时间。

（7）学校以实习实训课为主要载体开展劳动教育，其中劳动精神、劳模精神、工匠精神专题教育不少于 16 学时。

专业教师任职资格

1. 具有中等职业学校及以上教师资格证书。

2. 具有本专业相关职业资格证书或职业技能等级证书（三级及以上）。

实训（实验）装备

1. 动画制作实训室

功能说明：适用于实用美术基础、图形图像处理、界面设计、平面设计与制作、三维动画制作技术等课程实训。

主要设备及标准（以一个标准班 40 人配置）：

序号	设备名称	用途	单位	基本配置	适用范围（职业技能训练项目）	备注
1	台式机	Intel Core i5 及以上、8 GB 内存及以上、1 TB 硬盘及以上、2 GB 独立显卡及以上，支持教学应用软件使用	台	41	实用美术基础、图形图像处理、界面设计、平面设计与制作、三维动画制作技术等课程实训	40 台学生机、1 台教师机
2	服务器	储存	台	1		建议配置
3	数位板或触控液晶数位屏	数字绘画	块	41		建议配置
4	动作捕捉系统	动作捕捉使用	套	1		建议配置

2. 数字影音处理实验室

功能说明：适用于摄影摄像技术、影视剪辑、数字音频处理、影视后期特效等课程实训。

主要设备及标准(以一个标准班40人配置)：

序号	设备名称	用途	单位	基本配置	适用范围（职业技能训练项目）	备注
1	台式机	Intel Core i5 及以上、8 GB 内存及以上、1 TB 硬盘及以上、2 GB 独立显卡及以上，支持教学应用软件使用	台	41	摄影摄像技术、影视剪辑、数字音频处理、影视后期特效等课程实训	40 台学生机、1 台教师机
2	多媒体广播教学软件	屏幕广播、监控转播、班级模型管理、屏幕录制、远程设置、远程命令、分组管理、系统日志管理、文件分发、黑屏肃静、学生演示、分组教学、作业提交等	套	1		
3	配套软件	桌面操作系统及相关设备驱动程序、常用工具软件、移动终端设备连接维护软件、数字影音处理软件、互联网应用软件、数字化学习支持软件、常用办公和图文编辑软件等	套	1		根据需要选用
4	数字摄像系统/数码单反系统	教学摄像、摄影使用	套	1		根据需要选用
5	数字音频配套系统	教学录音、调音使用	套	1		根据需要选用

3. 虚拟现实技术应用实训室

功能说明:适用于三维设计与制作、数字创意建模、虚拟现实引擎技术、虚拟现实与增强现实应用技术等课程实训。

主要设备及标准(以一个标准班40人配置):

序号	设备名称	用途	单位	基本配置	适用范围(职业技能训练项目)	备注
1	台式机	Intel Core i5 及以上、8 GB 内存及以上、1 TB 硬盘及以上、2 GB 独立显卡及以上,支持教学应用软件使用	台	41	三维设计与制作、数字创意建模、虚拟现实引擎技术、虚拟现实与增强现实应用技术等课程实训	40台学生机、1台教师机
2	服务器	储存	台	1		建议配置
3	三维视觉显示系统	VR 虚拟作品制作及演示	套	5		建议配置,分组使用
4	虚拟现实交互设备	VR 虚拟作品制作及演示	套	5		建议配置,分组使用

注:

(1) 实训设备数是为满足40人/班同时进行实训教学需要配备的。在保证达成实训教学目标的前提下,各学校可根据本专业的班级人数、班级数和教学模式,对实训课程进行合理安排,配备相应数量的实训设备。

(2) 各学校可根据地域特点和行业/企业对从业人员的具体要求,优先选择国家质量监督管理部门认可的企业所生产的相应规格、型号的实训设备,优先选择这类企业所使用的真实设备,也可根据专业特点选择虚拟仿真实训资源等。

第二部分

上海市中等职业学校
数字媒体技术应用专业课程标准

摄影摄像技术课程标准

▎课程名称

摄影摄像技术

▎适用专业

中等职业学校数字媒体技术应用专业

一、 课程性质

本课程是中等职业学校数字媒体技术应用专业的一门专业核心课程,也是该专业的一门必修课程。其功能是使学生掌握摄影摄像的基本理论知识以及照片和视频拍摄的基本技能,具备使用数码相机和数字摄像机的技术能力,能满足广播影视行业拍摄岗位的职业技能要求。本课程是影视剪辑、影视后期特效的先导课程,为学生后续学习其他专业课程奠定基础。

二、 设计思路

本课程的总体设计思路是:遵循任务引领、理实一体的原则,根据数字媒体技术应用专业职业岗位的工作任务与职业能力分析结果,以"摄影摄像"工作领域的相关工作任务与职业能力为依据而设置。

课程内容紧紧围绕广播影视拍摄从业人员应具备的职业能力要求,选取了数码相机和数字摄像机的使用,常用摄影附件和灯光的使用,建筑、静物、人像等照片的拍摄,数字暗房的处理,新闻采访、演播室多机位访谈的视频拍摄,媒体资产管理等内容,遵循适度够用的原则,确定相关理论知识、专业技能与要求,并融入"1＋X"数字影像处理职业技能等级证书(初级)的相关考核要求。

课程内容组织按照职业能力发展规律和学生认知规律,以图片和视频拍摄的典型工作任务为逻辑主线,由易到难,循序渐进,包括数码相机的基本操作、室外风光照片拍摄、影棚拍摄、图像后期处理、数字摄像机的基本操作、采访片拍摄、演播室多机位访谈节目拍摄、拍摄数据管理 8 个学习任务。以任务为引领,通过任务整合相关知识、技能与职业素养,充分体现任务引领型课程的特点。

本课程建议学时数为 108 学时。

三、 课程目标

通过本课程的学习,学生具备影视拍摄的基础知识,掌握拍摄设备使用的基本技能,能根据需求完成图片和视频的拍摄,达到广播影视行业拍摄岗位的相关考核要求,具体达成以下职业素养和职业能力目标。

(一) 职业素养目标

- 养成规范操作的职业习惯,具有安全意识、版权意识、节能意识。
- 养成认真负责、严谨细致、刻苦钻研、精益求精的职业态度。
- 养成良好的团队合作意识,服从团队分工,乐于倾听他人的意见和建议。
- 热爱本专业,坚定职业理想与信念,不断关注行业相关的新技术、新动态。

(二) 职业能力目标

- 能按照操作规范使用拍摄设备。
- 能使用数码相机拍摄建筑照片。
- 能使用数码相机拍摄静物照片。
- 能使用数码相机拍摄人像照片。
- 能合理使用照片管理软件完成选片。
- 能使用影像处理软件调整优化拍摄照片的影调、色彩等。
- 能使用数字摄像机拍摄风光片。
- 能使用数字摄像机拍摄采访片。
- 能根据需求拍摄演播室多机位访谈节目。
- 能完成拍摄素材的整理及备份。

四、 课程内容与要求

学习任务	技能与学习要求	知识与学习要求	参考学时
1. 数码相机的基本操作	1. 数码相机的基本拍摄操作 ● 能按照操作规范完成拍摄前的准备工作 ● 能使用数码相机的自动功能完成简单的照片拍摄 ● 能完成拍摄照片的导出 2. 数码相机的清洁保养 ● 能按照操作规范完成数码相机的清洁保养 3. 常用拍摄参数设置 ● 能根据需求合理选择照片格式和画质 ● 能根据需求正确选择拍摄的色彩空间 4. 相机镜头选择 ● 能根据拍摄题材合理选择相机镜头 ● 能根据需求合理切换对焦方式 5. 光圈设置 ● 能根据拍摄主题合理设置光圈系数 6. 快门速度设置 ● 能根据拍摄主体合理设置快门速度 7. 感光度设置 ● 能根据拍摄场景合理设置感光度 8. 白平衡设置 ● 能根据拍摄环境合理选择白平衡模式 ● 能根据需求自定义色温并完成白平衡设定 9. 曝光设置 ● 能通过加减曝光量进行曝光补偿	1. 相机发展简史 ● 简述相机发展的重要阶段 2. 相机分类与原理 ● 简述相机的基本结构和工作原理 ● 列举相机的基本分类 3. 照片拍摄的基本步骤 ● 简述照片拍摄的基本步骤 4. 存储卡 ● 列举常见存储卡的分类和特征 5. 常用照片格式和色彩空间 ● 列举拍摄中的常用照片格式 ● 简述数码相机使用的色彩空间 6. 数码相机的清洁保养规范 ● 简述数码相机的清洁保养规范 7. 相机镜头的使用方法 ● 了解相机镜头的基本结构 ● 说出相机镜头上各按钮的名称、作用和使用方法 8. 相机镜头的分类及应用题材 ● 识记镜头焦距的概念 ● 归纳常见镜头的分类和特征 9. 光圈 ● 说出光圈的基本作用和常用系数 ● 描述光圈与景深的关系 10. 快门 ● 说出快门的基本作用、分类和常用速度 ● 简述高速快门和低速快门的视觉表现 11. 感光度 ● 了解感光度的制式和选择原则 ● 归纳感光度对成像质量的影响 12. 白平衡 ● 说出色温的概念及其对白平衡的影响 ● 列举常见的白平衡模式 13. 曝光 ● 列举曝光对影像的影响 ● 记住曝光的概念及影响曝光量的客观因素	16

(续表)

学习任务	技能与学习要求	知识与学习要求	参考学时
1. 数码相机的基本操作	● 能使用倒易率合理转换光圈快门的组合 10. 测光系统应用 ● 能根据需求合理选择测光模式 ● 能合理选择被测物体进行完整曝光 ● 能根据环境合理使用曝光补偿进行调整 11. 程序曝光 ● 能根据拍摄场景合理选择程序曝光模式	14. 曝光评价 ● 列举曝光评价的方法 15. 测光的方法 ● 说出数码相机的测光依据 ● 列举数码相机的测光模式 16. 程序曝光 ● 说出程序曝光模式 ● 归纳常用程序曝光的应用场景	
2. 室外风光照片拍摄	1. 摄影构图 ● 能根据画面要求完成取景 ● 能完成不同构图形式的拍摄 2. 三脚架和云台操作 ● 能按照操作规范完成三脚架和云台的组装 ● 能按照操作规范完成三脚架和云台的保养 3. 滤镜系统操作 ● 能根据镜头规格正确选择滤镜支架系统 ● 能按照操作规范完成滤镜系统的安装 ● 能根据需求合理选择滤镜并完成拍摄 4. 高动态范围照片拍摄 ● 能根据需求合理设置包围曝光并完成高动态范围照片拍摄 5. 全景拼接照片拍摄 ● 能根据需求合理使用全景云台并完成全景拼接照片拍摄	1. 画面构图的分类和概念 ● 理解画面构图的意义和要求 ● 列举常用的画面构图形式 ● 理解并解释不同构图形式的艺术特点 2. 三脚架的基本组成和使用方法 ● 简述三脚架的基本组成 ● 说出三脚架的作用和使用方法 3. 云台的类型和特点 ● 列举常用云台的类型 ● 归纳常用云台的特点和应用场景 4. 云台的安装方法 ● 简述云台的基本组成 ● 说出各旋钮和部件的名称、作用和使用方法 5. 三脚架和云台的保养规范 ● 简述三脚架和云台的保养规范 6. 滤镜系统的类型和安装方法 ● 归纳常用滤镜系统的类型和特点 ● 简述滤镜系统的基本组成 ● 说出各部件的名称和安装方法 7. 拍摄高动态范围照片的原理与方法 ● 简述高动态范围成像的原理 ● 归纳拍摄高动态范围照片的步骤与方法 8. 拍摄全景拼接照片的原理与方法 ● 简述全景拼接的原理	16

（续表）

学习任务	技能与学习要求	知识与学习要求	参考学时
2. 室外风光照片拍摄	6. 景深合成照片拍摄 ● 能根据需求合理选择焦点并完成景深合成照片拍摄	● 归纳拍摄全景拼接照片的步骤与方法 9. 拍摄景深合成照片的原理与方法 ● 简述景深合成的原理 ● 归纳拍摄景深合成照片的步骤与方法	
3. 影棚拍摄	1. 影棚闪光灯安装与连接 ● 能根据规范正确操作影视灯光 ● 能使用引闪器完成同步拍摄 2. 影棚拍摄布光 ● 能根据需求合理选择光型并完成布光 ● 能根据需求合理选择控光附件以改变光质 3. 光比控制 ● 能使用入射式测光表完成光比测量 4. 影棚静物拍摄 ● 能根据吸光体的特点完成布光拍摄 ● 能根据透光体的特点完成布光拍摄 ● 能根据反光体的特点完成布光拍摄 5. 影棚人像拍摄 ● 能根据影调的要求完成人像拍摄	1. 摄影用光的基本特性 ● 举例说明摄影用光的基本特性 2. 光型的分类与特点 ● 举例说明常用光型的分类与特点 3. 装接影视闪光灯的步骤与方法 ● 归纳装接影视闪光灯的步骤与方法 4. 控光附件的分类与特点 ● 举例说明常用控光附件的分类与特点 5. 入射式测光表的使用方法 ● 简述入射式测光表的面板组成 ● 说出各按钮的名称、作用和使用方法 6. 影棚静物的类型与特点 ● 简述影棚静物的类型与特点 7. 吸光体的特点和布光方法 ● 说出吸光体的特点和布光方法 8. 透光体的特点和布光方法 ● 说出透光体的特点和布光方法 9. 反光体的特点和布光方法 ● 说出反光体的特点和布光方法 10. 影调的类型与特点 ● 简述影调的类型与特点	18
4. 图像后期处理	1. 图片素材管理 ● 能使用数字资产管理软件编辑素材的元数据 ● 能使用标签、评级、元数据和关键字整理图片素材 ● 能运用元数据的高级搜索功能查找资源	1. 管理图片素材的步骤与方法 ● 归纳管理图片素材的步骤与方法 2. 元数据的分类与特点 ● 说出元数据的概念 ● 简述元数据的分类与特点 3. 筛选照片的原则 ● 归纳筛选照片的原则	8

（续表）

学习任务	技能与学习要求	知识与学习要求	参考学时
4. 图像后期处理	2. 照片筛选 ● 能合理使用照片管理软件完成选片 3. 照片后期处理 ● 能根据直方图完成对照片的客观评价 ● 能使用影像处理软件调整优化拍摄照片的影调、色彩等 4. 高动态范围照片合成 ● 能使用影像处理软件完成高动态范围照片合成 5. 全景照片合成 ● 能使用影像处理软件完成全景照片合成 6. 景深合成照片制作 ● 能使用影像处理软件完成景深合成照片制作 7. 数码照片输出 ● 能根据需求完成数码照片输出	4. 筛选照片的步骤与方法 ● 概述筛选照片的步骤与方法 5. 直方图的基本作用及查看方法 ● 简述直方图的基本作用 ● 归纳直方图的查看方法 6. 照片后期处理的步骤与方法 ● 归纳照片后期处理的步骤与方法 7. 合成高动态范围照片的步骤与方法 ● 归纳合成高动态范围照片的步骤与方法 8. 合成全景照片的步骤与方法 ● 归纳合成全景照片的步骤与方法 9. 制作景深合成照片的步骤与方法 ● 归纳制作景深合成照片的步骤与方法 10. 常见数码照片发布媒介的类型和特点 ● 列举常见数码照片发布媒介的类型 ● 举例说明常见数码照片发布媒介的特点	
5. 数字摄像机的基本操作	1. 数字摄像机的基本拍摄操作 ● 能按照操作规范完成拍摄前的准备工作 ● 能使用数字摄像机完成视频拍摄 ● 能完成拍摄视频的导出 2. 数字摄像机的清洁保养 ● 能按照操作规范完成数字摄像机的清洁保养 3. 数字摄像机参数设置 ● 能根据需求完成数字摄像机拍摄模式和记录格式设置	1. 数字摄像机的类型和特点 ● 举例说明数字摄像机的类型和特点 2. 数字摄像机的使用方法 ● 简述数字摄像机的基本组成 ● 说出各按钮的名称、作用和使用方法 3. 数字摄像机的清洁保养规范 ● 简述数字摄像机的清洁保养规范 4. 变焦、对焦、光圈、白平衡调整的步骤与方法 ● 归纳变焦、对焦、光圈、白平衡调整的步骤与方法 5. 设置增益的步骤与方法 ● 简述增益调整对画面质量的影响 ● 概述设置增益的原则 ● 归纳设置增益的步骤与方法	18

学习任务	技能与学习要求	知识与学习要求	参考学时
5. 数字摄像机的基本操作	● 能根据拍摄场景完成自动白平衡、对焦、光圈、滤镜设置 4. 手持拍摄 ● 能运用正确的姿势完成手持拍摄 ● 能根据需求调整寻像器的屈光度和锐度以提高对焦准确性 5. 画面影调、色彩调整 ● 能调整滤镜以控制画面色彩 ● 能用手动白平衡控制画面色彩 ● 能根据需求合理调整曝光以控制画面影调 6. 摄像机三脚架的基本操作 ● 能按照操作规范完成三脚架的架设 ● 能根据需求调整三脚架的高度和水平 ● 能根据需求合理设置三脚架水平、垂直的阻尼 ● 能根据需求合理调整三脚架的平衡 7. 景深控制 ● 能使用电子快门改变摄像机曝光的光圈值 ● 能根据需求调整物距和焦距以控制拍摄画面的景深 8. 视频拍摄 ● 能正确识别拍摄的景别和机位 ● 能根据需求完成不同景别和机位的拍摄	6. 手持拍摄的方法 ● 记住手持拍摄的方法 7. 精准对焦的步骤与方法 ● 归纳精准对焦的步骤与方法 8. 白平衡控制的方法 ● 说出不同白纸对画面色彩的影响 ● 简述自定义白平衡的步骤与方法 9. 斑马线和斑马纹的使用方法 ● 说出斑马线的查看方法 ● 简述使用斑马纹准确调整曝光的方法 10. 摄像机三脚架的使用方法 ● 简述摄像机三脚架的基本组成 ● 说出各旋钮的名称、作用和使用方法 ● 归纳摄像机三脚架的假设方法和步骤 11. 设置三脚架阻尼的方法 ● 说明三脚架阻尼调整对画面节奏的影响 ● 简述设置三脚架阻尼的方法 12. 调整三脚架平衡的方法 ● 说明三脚架平衡调整对拍摄稳定性的影响 ● 简述调整三脚架平衡的方法 13. 控制摄像机电子快门的方法 ● 归纳控制摄像机电子快门的方法 14. 控制景深的方法 ● 说明影响景深的基本要素 ● 简述控制景深的方法 15. 景别和机位的类型和特点 ● 举例说明景别和机位的类型和特点	

（续表）

学习任务	技能与学习要求	知识与学习要求	参考学时
6. 采访片拍摄	1. 拍摄脚本制作 ● 能根据主题完成拍摄脚本制作 2. 拍摄准备 ● 能根据脚本完成拍摄景点的踩点工作 ● 能根据脚本合理选择拍摄器材 ● 能根据脚本合理制订拍摄计划 3. 采访片人物拍摄 ● 能根据脚本合理设计人物构图 ● 能根据脚本完成人物拍摄和人声录制 ● 能根据规范完成场记单编写 4. 外景风光拍摄 ● 能灵活运用运动镜头完成外景空镜拍摄 ● 能用虚化前景和背景的方法拍摄画面转换所需的特写空镜头	1. 脚本的编写方法 ● 简述脚本的基本组成要素 ● 归纳脚本的编写方法 2. 拍摄计划的制订方法 ● 简述拍摄计划的基本组成部分 ● 归纳拍摄计划的制订原则 3. 装接录音话筒的步骤与方法 ● 归纳装接录音话筒的步骤与方法 4. 摄像机话筒设置、录音电平调整和防风设置 ● 简述外拍录音的注意事项 ● 归纳摄像机话筒设置、录音电平调整和防风设置的步骤与方法 5. 场记单的编写方法 ● 说出场记单的基本要素 ● 简述场记单的编写方法 6. 运动镜头的类型与拍摄方法 ● 简述常用运动镜头的类型和特点 ● 归纳运动镜头的拍摄方法	16
7. 演播室多机位访谈节目拍摄	1. 演播室设备的基本操作 ● 能按照操作规范开启演播室供电设备电源 ● 能按照操作规范打开演播室摄像机 ● 能按照操作规范打开演播室灯光 2. 演播室灯光布置 ● 能根据拍摄需求调整演播室灯光的光位 ● 能根据拍摄需求调整演播室灯光的亮度	1. 演播室设备的开启方法 ● 说出打开演播室设备电源开关的顺序 ● 概述演播室主要设备的名称及作用 2. 演播室灯光的类型与特点 ● 简述演播室灯光的类型与特点 3. 调光台的使用方法 ● 简述调光台的面板组成 ● 说出各按钮和拨杆的名称、作用和使用方法 4. 演播室布光的步骤与方法 ● 归纳演播室布光的步骤与方法 5. 演播室布光的类型与特点 ● 举例说明演播室布光的类型与特点	10

（续表）

学习任务	技能与学习要求	知识与学习要求	参考学时
7. 演播室多机位访谈节目拍摄	● 能根据需求完成人物光型设计和场景基本布光 ● 能使用入射式测光表测量演播室人物拍摄的照度和光比 3. 演播室摄录 ● 能根据需求完成演播室拍摄环境布置 ● 能根据拍摄要求完成摄像机机位和拍摄高度调整 ● 能使用录音话筒完成现场同期声录制 ● 能根据拍摄要求合理架设机位并完成多机位访谈节目拍摄	6. 录音话筒的使用方法 ● 简述录音话筒的组成 ● 说出各按钮和拨杆的名称、作用和使用方法 7. 多机位访谈节目机位的类型与特点 ● 简述多机位访谈节目机位的类型与特点 8. 多机位访谈节目机位的架设 ● 记住多机位访谈节目拍摄的画面要求	
8. 拍摄数据管理	1. 文件结构建立 ● 能根据需求组织和建立项目文件结构逻辑 ● 能根据项目规范完成文件夹命名 2. 拍摄数据备份 ● 能根据项目需求合理选择备份设备并完成拍摄数据备份 ● 能根据规范完成拍摄数据校验 3. 拍摄素材检查 ● 能根据规范完成拍摄素材检查 4. 拍摄素材转码 ● 能根据用途合理选择编码格式进行转码	1. 备份拍摄数据的步骤与方法 ● 归纳备份拍摄数据的步骤与方法 2. 数据传输接口的类型与特点 ● 举例说明数据传输接口的类型与特点 3. 数据备份设备的类型与特点 ● 举例说明数据备份设备的类型与特点 4. 备份设备的使用方法 ● 简述备份设备的组成 ● 说出各组件的名称、作用和使用方法 5. 检查拍摄素材的方法 ● 简述判别拍摄素材是否合规的方法 6. 文件编码格式的类型与特点 ● 归纳文件编码格式的类型与特点	6
总学时			108

五、 实施建议

（一）教材编写与选用建议

1. 应依据本课程标准编写教材或选用教材,从国家和市级教育行政部门发布的教材目录中选用教材,优先选用国家和市级规划教材。

2. 教材要充分体现育人功能,紧密结合教材内容、素材,有机融入课程思政要求,将课程思政内容与专业知识、技能有机统一。

3. 教材编写应转变以教师为中心的传统教材观,以学生的"学"为中心,遵循中职学生的学习特点与规律,以学生的思维方式设计教材结构和组织教材内容。

4. 教材编写应以"摄影摄像"工作领域的职业能力为逻辑线索,按照职业能力培养由易到难、由简单到复杂、由单一到综合的规律,确定教材各部分的目标、内容,并进行相应的任务、活动设计等,从而构建结构清晰、层次分明的教材内容体系。

5. 教材在进行整体设计和内容选取时,要注重引入行业发展的新业态、新知识、新技术、新工艺、新方法,对应相应的职业标准和岗位要求,贴近工作实际,体现先进性和实用性,创设或引入职业情境,增强教材的职场感。

6. 教材应以学生为本,增强对学生的吸引力,贴近岗位技能与知识的要求,符合学生的认知,采用生动活泼的、学生乐于接受的语言、图表等呈现内容,让学生在使用教材时有亲切感、真实感。

7. 教材应注重实践内容的可操作性,强调在操作中理解与应用理论。

（二）教学实施建议

1. 切实推进课程思政在教学中的有效落实,寓价值观引导于知识传授和能力培养中,帮助学生塑造正确的世界观、人生观、价值观。深入梳理教学内容,结合课程特点,充分挖掘课程内容中的思政元素,把思政教学与专业知识、技能教学融为一体,达到润物无声的育人效果。

2. 充分体现职业教育"实践导向、任务引领、理实一体、做学合一"的课改理念,紧密联系数字媒体技术应用行业的实际应用,以岗位的典型工作任务为载体,加强理论教学与实践教学的结合,充分利用各种实训场所与设备,以学生为教学主体,以能力为本位,以职业活动为导向,以专业技能为核心,使学生在做中学、学中做,引导学生进行实践和探索,注重培养学生的实际操作能力、分析问题和解决问题的能力。

3. 牢固树立以学生为中心的教学理念,充分尊重学生。教师应成为学生学习的组织者、指导者和同伴,遵循学生的认知特点和学习规律,围绕学生的"学"设计教学活动。

4. 改变传统的灌输式教学,充分调动学生学习的积极性、能动性,采取灵活多样的教学方式,积极探索自主学习、合作学习、探究式学习、问题导向式学习、体验式学习、混合式学习等体现教学新理念的教学方式,提高学生学习的兴趣。

5. 依托多元的现代信息技术手段,将其有效运用于教学,改进教学方法与手段,提升教学效果。

6. 注重技能训练及重点环节的教学设计,每次活动都力求使学生上一个新台阶,技能训练既有连续性又有层次性。

7. 注重培养学生良好的操作习惯,把法治意识、规范意识、安全意识、质量意识、服务意识、职业道德和敬业精神融入教学活动中,促进学生综合职业素养的养成。

(三)教学评价建议

1. 以课程标准为依据,开展基于课程标准的教学评价。

2. 以评促教、以评促学,通过课堂教学及时评价,不断改进教学手段。

3. 教学评价始终坚持德技并重的原则,构建德技融合的专业课教学评价体系,把思政和职业素养的评价内容与要求细化为具体的评价指标,有机融入专业知识与技能的评价指标体系中,形成可观察可测量的评价量表,综合评价学生学习情况。通过有效评价,在日常教学中不断促进学生良好的思想品德和职业素养的形成。

4. 注重日常教学中对学生学习的评价,充分利用多种过程性评价工具,如评价表、记录袋等,积累过程性评价数据,形成过程性评价与终结性评价相结合的评价模式。

5. 在日常教学中开展对学生学习的评价时,充分利用信息化手段,借助各类较成熟的教育评价平台,探索线上与线下相结合的评价模式,提高评价的科学性、专业性和客观性。

(四)资源利用建议

1. 充分利用和开发常用课程资源。建议选用国家规划教材和辅助教学资料,开发适合教学使用的多媒体教学资源库和多媒体教学课件。利用幻灯片、投影、录屏、微课等营造生动形象的学习环境,激发学生的学习兴趣,促进学生对专业知识的理解和掌握。建议加强摄影摄像技术课程资源的开发,建立"线上+线下"课程资源数据库,努力实现中职学校之间的课程资源共享。

2. 积极利用和开发网络课程资源。引导学生挖掘丰富的在线资源,自主学习与数字媒体技术应用相关的指导视频。充分利用电子书籍、电子期刊、数字图书馆、教育网站和电子论坛等,使教学媒体从单一媒体向多媒体转变,使教学活动从信息的单向传递向双向交换转变,使学生从单独学习向合作学习转变。

3. 通过产学合作开发本专业课程实训资源。加强与数字媒体技术应用领域的公司合作,建立实习实训基地,满足学生的实习实训需求,并在此过程中进行摄影摄像技术课程实训资源的开发。

实用美术基础课程标准

课程名称

实用美术基础

适用专业

中等职业学校数字媒体技术应用专业

一、 课程性质

本课程是中等职业学校数字媒体技术应用专业的一门专业核心课程,也是该专业的一门必修课程。其功能是使学生理解实用美术基础的基本理论知识,掌握构成语言、传统绘画和数字绘画等基本技能,具备从事实用美术设计岗位所需的职业能力。本课程是图形图像处理、数字音频处理、界面设计等课程的先导课程,为学生后续学习其他专业课程奠定基础。

二、 设计思路

本课程的总体设计思路是:遵循任务引领、理实一体的原则,根据数字媒体技术应用专业职业岗位的工作任务与职业能力分析结果,以"实用美术设计"工作领域的相关工作任务与职业能力为依据而设置。

课程内容紧紧围绕实用美术设计从业人员应具备的职业能力要求,选取了线稿绘制、三大构成运用等内容,通过传统绘画工具向数字绘画软件过渡的方式开展教学,遵循适度够用的原则,确定相关理论知识、专业技能与要求,并融入"1 + X"数字影像处理职业技能等级证书(初级)的相关考核要求。

课程内容组织按照职业能力发展规律和学生认知规律,以实用美术设计的典型工作任务为逻辑主线,包括线稿绘制、明暗表现、色彩表现和运动规律四大类型,同时结合传统绘画和数字绘画的不同表现形式,形成由易到难、循序渐进的 8 个学习任务。以任务为引领,通过任务整合相关知识、技能与职业素养,充分体现任务引领型课程的特点。

本课程建议学时数为 144 学时。

三、 课程目标

通过本课程的学习,学生具备实用美术的基础知识,掌握实用美术设计的基本技能,能根据需求完成线稿绘制、三大构成运用和运动规律实现,达到实用美术设计岗位的相关考核要求,具体达成以下职业素养和职业能力目标。

(一)职业素养目标

● 养成良好的职业道德、版权意识、服务意识。

● 养成认真负责、严谨细致、刻苦钻研、精益求精的职业态度。

● 树立科学健康的审美观,培养积极向上的审美情趣,并不断提升艺术修养。

● 养成良好的团队合作意识,服从团队分工,乐于倾听他人的意见和建议。

● 热爱本专业,坚定职业理想与信念,不断关注行业相关的新技术、新动态。

(二)职业能力目标

● 能绘制对象的线稿。

● 能绘制对象的结构图。

● 能理解并绘制多个对象组合的空间关系。

● 能运用专业绘图软件绘制风景和人物速写。

● 能表现对象的明暗光影。

● 能理解并绘制多个对象组合的光影关系。

● 能运用专业绘图软件表现对象的明暗光影。

● 能表现对象的色彩关系。

● 能理解并根据需求设计色彩搭配方案。

● 能运用专业绘图软件表现对象的色彩关系。

● 能根据需求完成矢量图形和素材制作。

● 能运用动画运动规律呈现动画效果。

四、 课程内容与要求

学习任务	技能与学习要求	知识与学习要求	参考学时
1. 线稿绘制（传统绘画）	1. 石膏几何体的结构稿绘制 ● 能用铅笔在画纸上绘制石膏几何体各部分的比例和透视关系 2. 单个静物的结构稿绘制 ● 能用铅笔在画纸上绘制单个静物各部分的比例和结构关系 ● 能用铅笔在画纸上绘制单个静物的结构轮廓	1. 物体透视的规律 ● 说出物体透视的基本原理 ● 说出物体透视术语的含义 2. 透视规律的绘制要点及流程 ● 说出观察物体透视的方法 ● 简述一点透视、二点透视、三点透视与自由透视的绘制要点和绘制流程	10

（续表）

学习任务	技能与学习要求	知识与学习要求	参考学时
1. 线稿绘制（传统绘画）	3. 单个静物的空间透视关系绘制 ● 能用铅笔在画纸上绘制单个静物的结构稿 ● 能用铅笔在画纸上绘制不同静物的结构稿 4. 多个静物的空间透视关系绘制 ● 能用铅笔在画纸上绘制单个静物的轮廓透视 5. 组合静物的空间透视和结构关系绘制 ● 能用铅笔在画纸上绘制多个静物的造型线稿 ● 能用铅笔在画纸上绘制多个静物的空间透视关系 6. 石膏五官的结构稿绘制 ● 能用铅笔在画纸上绘制单个五官的造型线稿 7. 人物头像结构造型绘制 ● 能用铅笔在画纸上绘制石膏头骨线稿 ● 能用铅笔在画纸上绘制石膏面像线稿 ● 能用铅笔在画纸上绘制石膏头像线稿	3. 结构稿的绘制流程 ● 简述结构稿的绘制流程 4. 单个静物素描结构的绘制要点及流程 ● 说出单个静物素描结构的绘制要点 ● 简述单个静物素描结构的绘制流程 5 组合静物的绘制要点及流程 ● 说出组合静物透视关系的特点 ● 简述组合静物的绘制要点和绘制流程 6. 石膏五官结构造型的绘制要点及流程 ● 说出石膏五官结构造型特点 ● 简述石膏五官结构造型的绘制要点和绘制流程 7. 人物头部造型的异同 ● 说出不同人物头部造型的异同 8. 肖像结构造型和头部解剖结构特点 ● 说出肖像结构造型特点 ● 说出头部解剖结构特点 9. 人物头像的绘制要点及流程 ● 简述人物头像的绘制要点 ● 简述肖像和人物座像结构的素描绘制流程 ● 简述肖像和人物座像结构的素描造型绘制技巧	16
2. 线稿绘制（数字绘画）	1. 人体基本比例与体块结构绘制 ● 能根据要求使用手绘板和绘图软件准确绘制人体骨架图 ● 能根据要求使用手绘板和绘图软件中的简单几何图形绘制人体结构图 ● 能根据要求使用手绘板和绘图软件并以体块的形式表现人体的动态造型 2. 人体肌肉绘制 ● 能根据要求使用手绘板和绘图软件绘制角色的肌肉分布图	1. 人体基本比例 ● 识记不同年龄、性别的人体比例 ● 识记人体体块的名称与分布 2. 人体体块结构 ● 识记人体体块的运动规律 ● 识记人体主要骨骼的名称与分布 3. 人体肌肉的分布与运动规律 ● 识记人体主要肌肉的名称与功能 ● 识记人体主要肌肉的形状与分布 4. 人体肌肉的变化 ● 识记不同动态下人体肌肉的变化	20

学习任务	技能与学习要求	知识与学习要求	参考学时
2. 线稿绘制（数字绘画）	● 能根据要求使用手绘板和绘图软件并以几何形体概括人体的肌肉 3. 人体动态绘制 ● 能根据要求使用手绘板和绘图软件绘制人体动态图 4. 头部骨骼结构与五官细节绘制 ● 能根据要求使用手绘板和绘图软件绘制结构合理的头部造型 ● 能根据要求使用手绘板和绘图软件绘制角色的五官造型 ● 能根据要求使用手绘板和绘图软件绘制角色的颈部造型 5. 流畅且具有粗细变化的线条绘制 ● 能根据要求使用手绘板和绘图软件绘制流畅且具有粗细变化的线条 6. 各类动物造型绘制 ● 能根据要求使用手绘板和绘图软件绘制四肢动物的造型 ● 能根据要求使用手绘板和绘图软件绘制两脚动物的造型 ● 能根据要求使用手绘板和绘图软件绘制虫类、鱼类动物的造型	5. 人体动态的绘制流程及方法 ● 识记人体动态图的绘制流程和主要参考线 ● 描述绘制人体动态造型的方法 6. 头部骨骼结构的绘制技巧 ● 识记头部骨骼结构 ● 识记人体头部的比例 7. 五官细节的绘制技巧 ● 识记人体五官的比例 ● 识记头部与颈部的关系 ● 描述五官和头发的绘制技巧 8. 线条绘制的基本要素 ● 识记线条绘制的基本要素 9. 各类动物造型的绘制规律 ● 识记四肢动物、两脚动物造型的绘制规律 ● 识记虫类、鱼类动物造型的绘制规律	
	7. 不同透视关系下的场景绘制 ● 能根据要求完成不同透视关系下的场景绘制 8. 写生画稿改编场景造型绘制 ● 能根据要求将写生画稿改编成动画场景设定 9. 场景细节的刻画绘制 ● 能使用不同的笔刷以及手绘板和绘图软件绘制场景细节	10. 透视比例关系 ● 识记一点透视、二点透视、三点透视和自由透视的原理 ● 描述不同类型透视的表现形式 11. 写生画稿改编场景造型的技巧要领 ● 识记将写生画稿改编成动画场景设定的流程 ● 识记将写生画稿改编成动画场景设定的技巧 12. 细节的绘制流程 ● 识记角色细节的绘制流程 ● 识记场景细节的绘制流程	10

(续表)

学习任务	技能与学习要求	知识与学习要求	参考学时
3. 明暗表现（传统绘画）	1. 单个石膏几何体和静物的明暗光影绘制 ● 能区分物体的明暗色调 ● 能用铅笔在画纸上绘制单个石膏几何体和静物的明暗光影 2. 静物组合的明暗光影绘制 ● 能用铅笔在画纸上绘制静物组合的明暗光影	1. 静物明暗关系 ● 归纳素描明暗关系的绘制流程 ● 说出物体明暗关系的五大调及绘制要点	10
	3. 石膏五官的明暗光影绘制 ● 能用铅笔在画纸上绘制石膏五官的明暗光影 4. 石膏头像的明暗光影绘制 ● 能用铅笔在画纸上绘制单个五官（眼、耳、口、鼻等）石膏体的明暗关系 ● 能用铅笔在画纸上绘制五官（眼、耳、口、鼻等）石膏体组合的明暗关系 ● 能用铅笔在画纸上绘制单个石膏切面像的明暗光影 ● 能用铅笔在画纸上绘制石膏人像的明暗光影	2. 人物肖像的明暗表现要点 ● 说出眼、耳、口、鼻等的明暗表现要点 ● 说出头像和座像整体的明暗表现要点	8
4. 明暗表现（数字绘画）	1. 符合角色或场景需要的色彩搭配 ● 能搭配出符合角色或场景需要的色彩组合 2. 为画稿铺底色 ● 能使用多种工具和方法完成大范围铺色 3. 明暗效果绘制 ● 能使用数字绘画软件进行明暗关系的绘制 ● 能使用图层叠加模式进行明暗关系的调整	1. 色彩搭配方式及技巧 ● 识记补色、对比色的运用方式 ● 描述色彩的冷暖倾向与搭配技巧 2. 大范围铺色的过程与基本技巧 ● 识记大范围铺色的过程与基本技巧 3. 明暗效果的绘制流程及技巧 ● 识记三大面、五大调的概念 ● 描述物体明暗效果的绘制流程	8

学习任务	技能与学习要求	知识与学习要求	参考学时
5. 色彩表现（传统绘画）	1. 色相、明度、饱和度对比 ● 能正确使用十二色相环进行辨色 ● 能通过目测判断色偏 ● 能分辨色彩明度差异 ● 能分辨色彩饱和度差异	1. 色彩三属性 ● 解释色相、明度、饱和度的定义 ● 归纳色彩三属性的相互关系 ● 概述人眼对色彩三属性辨识能力的差异 2. 色光加色法 ● 识记色光三原色 ● 掌握色光之间的混合规律 3. 色光加色法的类型 ● 了解色光混合的两种类型	4
	2. 色彩对比 ● 能利用色彩对比的规律进行分析 ● 能根据色彩判断情感表现	4. 色觉现象及色彩心理效应 ● 列举生活中的色彩恒定现象 ● 概述色彩的六大心理感受 5. 色彩的情感表现及象征性 ● 知道色彩的情感表现及象征性 6. 色彩视觉理论 ● 了解色彩视觉的相关理论 ● 归纳色彩视觉理论的三种学说的优缺点	8
	3. 形态元素应用 ● 能使用立体构成的点、线形态元素进行构成设计 ● 能使用立体构成的面、体形态元素进行构成设计	7. 形态元素的概念与种类 ● 说出形态元素的概念 ● 归纳形态元素的种类 8. 体形态的概念与特征 ● 理解体形态的概念 ● 列举体形态的特征	8
	4. 材料元素应用 ● 能使用不同的工具进行立体构成造型制作 ● 能使用常见的点材、线材、面材、块材进行立体构成造型制作	9. 材料元素的概念与种类 ● 说出材料元素的概念 ● 说出材料元素的种类 10. 点、线、面、块的基本材料与种类 ● 归纳点材、线材的基本材料与种类 ● 归纳面材、块材的基本材料与种类	

（续表）

学习任务	技能与学习要求	知识与学习要求	参考学时
5. 色彩表现（传统绘画）	5. 形式元素造型设计与应用 ● 能使用多样统一的形式元素进行立体构成造型设计 ● 能使用对称均衡的形式元素进行立体构成造型设计 ● 能使用对比调和的形式元素进行立体构成造型设计 ● 能使用比例分割的形式元素进行立体构成造型设计	11. 形式元素的概念与种类 ● 说出形式元素的概念 ● 说出形式元素的种类 12. 多样统一的形式元素 ● 理解多样统一的形式元素的基本概念 ● 列举多样统一的形式元素的特征 13. 对称均衡的形式元素 ● 理解对称均衡的形式元素的基本概念 ● 列举对称均衡的形式元素的特征 14. 对比调和的形式元素 ● 理解对比调和的形式元素的基本概念 ● 列举对比调和的形式元素的特征 15. 比例分割的形式元素 ● 理解比例分割的形式元素的基本概念 ● 列举比例分割的形式元素的特征	
6. 色彩表现（数字绘画）	1. 色环色制定 ● 能根据色彩属性与区别绘制色环 2. 绘制暖色调/冷色调静物组合的色彩效果 ● 能运用专业绘图软件绘制暖色调静物组合的色彩效果 ● 能运用专业绘图软件绘制冷色调静物组合的色彩效果 ● 能运用专业绘图软件塑造各个静物的质感效果 ● 能根据要求协调画幅的整体色彩效果	1. 色环色立体构成的相关知识 ● 举例说明色彩属性与区别 ● 简述色彩与素描的关系 2. 物体组合的色彩绘制要点及流程 ● 简述专业绘图软件的色彩绘制流程 ● 简述固有色、光源色、环境色对物体的影响 ● 举例说明多个物体的结构造型、明暗关系、色彩关系	10
7. 运动规律（传统绘画）	1. 点的构成与运用 ● 能使用点的构成形式制作平面设计作品 ● 能使用点设计图形语言的表现手段	1. 点的概念和表现形态 ● 理解点的概念 ● 列举点的不同表现形态 2. 点的特征 ● 描述点的规则、不规则的形象特征 ● 举例说明点与点的构成关系	18

（续表）

学习任务	技能与学习要求	知识与学习要求	参考学时
7. 运动规律（传统绘画）	2. 线的构成与运用 ● 能使用线的构成形式制作平面设计作品 ● 能使用线设计图形语言的表现手段	3. 线的概念和表现形态 ● 理解线的概念 ● 列举线的不同表现形态 4. 线的特征 ● 描述直线、曲线的形象特征 ● 举例说明线与线的构成关系	
	3. 面的构成与运用 ● 能使用面的构成形式制作平面设计作品 ● 能使用面设计图形语言的表现手段	5. 面的概念和表现形态 ● 理解面的概念 ● 列举面的不同表现形态 6. 面的特征 ● 描述轮廓线清晰面、模糊面的形象特征 ● 举例说明面与面的构成关系	
	4. 点、线、面的综合构成与运用 ● 能使用点、线、面的综合构成形式制作平面设计作品 ● 能使用平面构成元素进行图形语言的表现	7. 平面构成的概念 ● 理解平面构成的概念 ● 概述平面构成的发展 8. 平面构成作品的绘画材料和工具 ● 列举平面构成作品常用的绘画材料 ● 归纳平面构成作品常用的绘画工具	
8. 运动规律（数字绘画）	1. 力传递的动画设计 ● 能运用专业绘图软件设计并绘制各种力传递的动画	1. 动画中的力学原理 ● 举例说明动画中的力学原理 2. 动画中力的产生与表现形式 ● 归纳各种力的产生与表现形式	2
	2. 加减速度运动的动画设计 ● 能运用专业绘图软件设计并制作加减速度运动的动画效果 3. 弹性运动的动画设计 ● 能运用专业绘图软件设计并制作弹性运动的动画效果 4. 惯性运动的动画设计 ● 能运用专业绘图软件设计并制作惯性运动的动画效果 5. 曲线运动的动画设计 ● 能运用专业绘图软件设计并制作曲线运动的动画效果	3. 动画中速度的表现形式 ● 举例说明动画中速度的不同种类与表现 ● 举例说明动画中不同运动状态的动画表现 4. 动画中弹性运动规律的要点 ● 举例说明动画中的弹性运动原理 5. 动画中惯性运动规律的要点 ● 举例说明动画中的惯性运动原理 6. 动画中曲线运动规律的要点 ● 举例说明动画中的曲线运动原理	12
总学时			144

五、 实施建议

（一）教材编写与选用建议

1. 应依据本课程标准编写教材或选用教材，从国家和市级教育行政部门发布的教材目录中选用教材，优先选用国家和市级规划教材。

2. 教材要充分体现育人功能，紧密结合教材内容、素材，有机融入课程思政要求，将课程思政内容与专业知识、技能有机统一。

3. 教材编写应转变以教师为中心的传统教材观，以学生的"学"为中心，遵循中职学生的学习特点与规律，以学生的思维方式设计教材结构和组织教材内容。

4. 教材编写应以"实用美术设计"工作领域的职业能力为逻辑线索，按照职业能力培养由易到难、由简单到复杂、由单一到综合的规律，确定教材各部分的目标、内容，并进行相应的任务、活动设计等，从而构建结构清晰、层次分明的教材内容体系。

5. 教材在进行整体设计和内容选取时，要注重引入行业发展的新业态、新知识、新技术、新工艺、新方法，对应相应的职业标准和岗位要求，贴近工作实际，体现先进性和实用性，创造或引入职业情境，增强教材的职场感。

6. 教材应以学生为本，增强对学生的吸引力，贴近岗位技能与知识的要求，符合学生的认知，采用生动活泼的、学生乐于接受的语言、图表等呈现内容，让学生在使用教材时有亲切感、真实感。

7. 教材应注重实践内容的可操作性，强调在操作中理解与应用理论。

（二）教学实施建议

1. 切实推进课程思政在教学中的有效落实，寓价值观引导于知识传授和能力培养中，帮助学生塑造正确的世界观、人生观、价值观。深入梳理教学内容，结合课程特点，充分挖掘课程内容中的思政元素，把思政教学与专业知识、技能教学融为一体，达到润物无声的育人效果。

2. 充分体现职业教育"实践导向、任务引领、理实一体、做学合一"的课改理念，紧密联系数字媒体技术应用行业的实际应用，以岗位的典型工作任务为载体，加强理论教学与实践教学的结合，充分利用各种实训场所与设备，以学生为教学主体，以能力为本位，以职业活动为导向，以专业技能为核心，使学生在做中学、学中做，引导学生进行实践和探索，注重培养学生的实际操作能力、分析问题和解决问题的能力。

3. 牢固树立以学生为中心的教学理念，充分尊重学生。教师应成为学生学习的组织者、指导者和同伴，遵循学生的认知特点和学习规律，围绕学生的"学"设计教学活动。

4. 改变传统的灌输式教学，充分调动学生学习的积极性、能动性，采取灵活多样的教学方式，积极探索自主学习、合作学习、探究式学习、问题导向式学习、体验式学习、混合式学习

等体现教学新理念的教学方式,提高学生学习的兴趣。

5. 依托多元的现代信息技术手段,将其有效运用于教学,改进教学方法与手段,提升教学效果。

6. 注重技能训练及重点环节的教学设计,每次活动都力求使学生上一个新台阶,技能训练既有连续性又有层次性。

7. 注重培养学生良好的操作习惯,把法治意识、规范意识、安全意识、质量意识、服务意识、职业道德和敬业精神融入教学活动中,促进学生综合职业素养的养成。

(三)教学评价建议

1. 以课程标准为依据,开展基于课程标准的教学评价。

2. 以评促教、以评促学,通过课堂教学及时评价,不断改进教学手段。

3. 教学评价始终坚持德技并重的原则,构建德技融合的专业课教学评价体系,把思政和职业素养的评价内容与要求细化为具体的评价指标,有机融入专业知识与技能的评价指标体系中,形成可观察可测量的评价量表,综合评价学生学习情况。通过有效评价,在日常教学中不断促进学生良好的思想品德和职业素养的形成。

4. 注重日常教学中对学生学习的评价,充分利用多种过程性评价工具,如评价表、记录袋等,积累过程性评价数据,形成过程性评价与终结性评价相结合的评价模式。

5. 在日常教学中开展对学生学习的评价时,充分利用信息化手段,借助各类较成熟的教育评价平台,探索线上与线下相结合的评价模式,提高评价的科学性、专业性和客观性。

(四)资源利用建议

1. 充分利用和开发常用课程资源。建议选用国家规划教材和辅助教学资料,开发适合教学使用的多媒体教学资源库和多媒体教学课件。利用幻灯片、投影、录屏、微课等营造生动形象的学习环境,激发学生的学习兴趣,促进学生对专业知识的理解和掌握。建议加强实用美术基础课程资源的开发,建立"线上 + 线下"课程资源数据库,努力实现中职学校之间的课程资源共享。

2. 积极利用和开发网络课程资源。引导学生挖掘丰富的在线资源,自主学习与数字媒体技术应用相关的指导视频。充分利用电子书籍、电子期刊、数字图书馆、教育网站和电子论坛等,使教学媒体从单一媒体向多媒体转变,使教学活动从信息的单向传递向双向交换转变,使学生从单独学习向合作学习转变。

3. 通过产学合作开发本专业课程实训资源。加强与数字媒体技术应用领域的公司合作,建立实习实训基地,满足学生的实习实训需求,并在此过程中进行实用美术基础课程实训资源的开发。

图形图像处理课程标准

课程名称

图形图像处理

适用专业

中等职业学校数字媒体技术应用专业

一、 课程性质

本课程是中等职业学校数字媒体技术应用专业的一门专业核心课程,也是该专业的一门必修课程。其功能是使学生理解图形图像处理的基本理论知识,掌握图形图像处理的基本技能,具备从事图形图像处理岗位所需的职业能力。本课程是平面设计与制作、界面设计等课程的先导课程,为学生后续学习其他专业课程奠定基础。

二、 设计思路

本课程的总体设计思路是:遵循任务引领、理实一体的原则,根据数字媒体技术应用专业职业岗位的工作任务与职业能力分析结果,以"图形图像处理"工作领域的相关工作任务与职业能力为依据而设置。

课程内容紧紧围绕图形图像处理从业人员应具备的职业能力要求,选取了图像管理和文件格式转换、图像色彩校正、图像修复和校正、图像元素抠取、图像增效处理、图像合成与特效处理、图形制作、文字处理、图像输出和存储等内容,遵循适度够用的原则,确定相关理论知识、专业技能与要求,并融入"1 + X"数字影像处理职业技能等级证书(初级)的相关考核要求。

课程内容组织按照职业能力发展规律和学生认知规律,以图形图像处理的典型工作任务为逻辑主线,由易到难,循序渐进,包括图形图像的基本概念与基本操作、图形图像调整、图形图像增效、文字处理与设计、图形图像输出 5 个学习任务。以任务为引领,通过任务整合相关知识、技能与职业素养,充分体现任务引领型课程的特点。

本课程建议学时数为 72 学时。

三、 课程目标

通过本课程的学习,学生能了解图形图像的基本概念与基本操作,掌握图形图像调整、图形图像增效以及文字处理与设计的方法和技巧,能根据需求完成图形图像输出,达到图形图像处理岗位的相关考核要求,具体达成以下职业素养和职业能力目标。

(一) 职业素养目标

- 养成爱岗敬业、诚实守信、服务群众、奉献社会的职业道德。

- 养成认真负责、严谨细致、刻苦钻研、精益求精的职业态度。

- 养成规范管理数字资产的习惯,具备信息安全意识、法律意识、成本意识。

- 热爱本专业,坚定职业理想与信念,不断关注行业相关的新技术、新动态。

- 具有自主学习和迁移创新能力,并在学习过程中培养团队合作意识,服从团队分工,乐于倾听他人的意见和建议。

(二) 职业能力目标

- 能根据需求完成素材管理和图像自动批处理操作。

- 能完成图形图像处理的基本操作。

- 能根据需求转换不同格式的数字文件。

- 能根据需求校正图像色彩。

- 能完成图像修复、校正与结构调整。

- 能完成图像元素抠取。

- 能根据需求实现图像增效处理。

- 能根据需求实现图像合成与特效处理。

- 能根据需求完成文字编辑与排版。

- 能根据需求完成简单及创意文字制作。

- 能根据需求完成图形图像综合应用。

- 能根据需求完成图形图像输出。

四、 课程内容与要求

学习任务	技能与学习要求	知识与学习要求	参考学时
1. 图形图像的基本概念与基本操作	1. 图像管理 ● 能根据需求采集不同来源的图像素材 ● 能熟练创建图像 ● 能熟练查看图形图像的基本信息 2. 图像转换和创建 ● 能根据需求转换适配色彩模式 ● 能根据应用范围将图像转化为适配格式	1. 图形图像的发展历程及现状 ● 了解图形图像的发展历程 ● 概述图形图像的发展现状及应用领域 2. 图形图像的基本知识 ● 简述图形图像的不同种类 ● 概述色彩三要素及色彩模式	18

（续表）

学习任务	技能与学习要求	知识与学习要求	参考学时
1. 图形图像的基本概念与基本操作	● 能根据应用领域创建适配的图像 3. 选区创建 ● 能熟练应用选区的加减运算 ● 能根据需求选择合适的选区工具 ● 能熟练掌握选的基本操作及快捷键 4. 图层运用 ● 能熟练掌握图层的各种功能 ● 能根据需求创建图层特效 5. 路径创建与处理 ● 能根据需求创建路径 ● 能正确优化与调整路径 ● 能根据需求转化路径 6. 基本图形绘制 ● 能熟练使用各类绘图工具 ● 能根据需求调整绘图工具的属性并绘制简单图形图像	● 简述图形图像软件界面的分布和作用 ● 说出图形图像操作界面各区域的功能 ● 简述快捷键的设置方法 3. 选区工具 ● 了解选区的概念 ● 概述选区工具的种类 4. 图层 ● 了解图层的概念及原理 ● 举例说明图层的几种功能及应用 5. 路径和形状工具 ● 记住路径的基本概念 ● 举例说明编辑路径的几种方法 6. 绘图工具 ● 简述绘图工具的种类 ● 记住画笔工具和铅笔工具的特性和使用方法 ● 概述油漆桶工具和渐变工具的使用方法	
2. 图形图像调整	1. 色彩还原与优化 ● 能迅速检查图形图像的色彩范围及偏色情况 ● 能根据需求使用合适的调色方式修复偏色图片 2. 图像修复与校正 ● 能熟练使用变形工具修复图像透视变形 ● 能正确使用多种方式修复图像瑕疵及干扰物 3. 图像元素抠取 ● 能熟练掌握抠图的基本原理 ● 能综合运用多种工具对复杂物体进行抠图 4. 图形图像结构调整与美化 ● 能根据需求分析结构调整的部分与程度 ● 能熟练对人、事、物的结构和形态进行美化	1. 色彩平衡、色相、饱和度、曲线的使用方法 ● 了解调色工具的特点 ● 举例说明修复偏色的几种方法 2. 图像自由变形的方法 ● 简述变形工具的使用方法 ● 举例说明自由变形的几种方法 3. 抠图工具的使用方法 ● 记住抠图的基本方法 ● 归纳常用的几种抠图方式 4. 液化工具的使用方法 ● 简述液化工具的使用方法 ● 举例说明液化工具的几种常用方式	18

（续表）

学习任务	技能与学习要求	知识与学习要求	参考学时
3. 图形图像增效	1. 增强图像细节 ● 能熟练通过加深及减淡方式增强对象体积感 ● 能熟练通过多种手段进行锐化处理 2. 制作图像特效 ● 能熟练通过滤镜组合转换图像风格 ● 能熟练使用智能滤镜以提高编辑效率 3. 提升图像影调 ● 能熟练使用 HDR 增强方式以提升图像的影调层次 ● 能熟练使用曲线对图像影调进行精细化调节	1. 加深及减淡工具的使用方法 ● 记住画线工具的创建方法 ● 说出加深及减淡工具在不同图像中的使用特点 2. 锐化功能的使用方法 ● 简述锐化命令的功能 ● 举例说明锐化功能的几种调节模式 3. 滤镜功能与特点 ● 简述滤镜组合的几种功能 ● 简述不同滤镜组合在不同图像中的特点 4. HDR 增强方式 ● 简述 HDR 的功能 ● 归纳常用的 HDR 参数数据	20
4. 文字处理与设计	1. 创建文字 ● 能调整文字字体与大小 ● 能实现文字的图层转换 2. 文字排版 ● 能调整行间距和字间距 ● 能实现特殊路径的文字排版 3. 制作文字特效 ● 能使用图层样式处理文字 ● 能使用滤镜处理文字 ● 能根据需求并结合其他工具设计简单创意文字	1. 字符格式 ● 简述调整文字字体与大小的方法 ● 简述调整段落格式的方法 2. 文字图层 ● 举例说明图层栅格化的几种方式 ● 归纳文字栅格化后的特点 ● 简述图层样式的效果特点	10
5. 图形图像输出	1. 输出管理 ● 能根据不同的介质设置图像分辨率和格式 ● 能在打印前熟练对图像进行安全色校准 2. 图像储存 ● 能将图层输出为独立文件 ● 能将图像输出为高品质无损图像	1. RGB 与 CMYK 色彩模式 ● 简述 RGB 与 CMYK 色彩模式的特点 ● 记住不同色彩模式的匹配图像类型 2. 图片存储格式与导出流程 ● 简述几种图片存储格式的特点 ● 归纳图片导出流程	6
总学时			72

五、 实施建议

（一）教材编写与选用建议

1. 应依据本课程标准编写教材或选用教材,从国家和市级教育行政部门发布的教材目录中选用教材,优先选用国家和市级规划教材。

2. 教材要充分体现育人功能,紧密结合教材内容、素材,有机融入课程思政要求,将课程思政内容与专业知识、技能有机统一。

3. 教材编写应转变以教师为中心的传统教材观,以学生的"学"为中心,遵循中职学生的学习特点与规律,以学生的思维方式设计教材结构和组织教材内容。

4. 教材编写应以"图形图像处理"工作领域的职业能力为逻辑线索,按照职业能力培养由易到难、由简单到复杂、由单一到综合的规律,确定教材各部分的目标、内容,并进行相应的任务、活动设计等,从而构建结构清晰、层次分明的教材内容体系。

5. 教材在进行整体设计和内容选取时,要注重引入行业发展的新业态、新知识、新技术、新工艺、新方法,对应相应的职业标准和岗位要求,贴近工作实际,体现先进性和实用性,创造或引入职业情境,增强教材的职场感。

6. 教材应以学生为本,增强对学生的吸引力,贴近岗位技能与知识的要求,符合学生的认知,采用生动活泼的、学生乐于接受的语言、图表等呈现内容,让学生在使用教材时有亲切感、真实感。

7. 教材应注重实践内容的可操作性,强调在操作中理解与应用理论。

（二）教学实施建议

1. 切实推进课程思政在教学中的有效落实,寓价值观引导于知识传授和能力培养中,帮助学生塑造正确的世界观、人生观、价值观。深入梳理教学内容,结合课程特点,充分挖掘课程内容中的思政元素,把思政教学与专业知识、技能教学融为一体,达到润物无声的育人效果。

2. 充分体现职业教育"实践导向、任务引领、理实一体、做学合一"的课改理念,紧密联系数字媒体技术应用行业的实际应用,以岗位的典型工作任务为载体,加强理论教学与实践教学的结合,充分利用各种实训场所与设备,以学生为教学主体,以能力为本位,以职业活动为导向,以专业技能为核心,使学生在做中学、学中做,引导学生进行实践和探索,注重培养学生的实际操作能力、分析问题和解决问题的能力。

3. 牢固树立以学生为中心的教学理念,充分尊重学生。教师应成为学生学习的组织者、指导者和同伴,遵循学生的认知特点和学习规律,围绕学生的"学"设计教学活动。

4. 改变传统的灌输式教学,充分调动学生学习的积极性、能动性,采取灵活多样的教学方式,积极探索自主学习、合作学习、探究式学习、问题导向式学习、体验式学习、混合式学习等体现教学新理念的教学方式,提高学生学习的兴趣。

5. 依托多元的现代信息技术手段,将其有效运用于教学,改进教学方法与手段,提升教学效果。

6. 注重技能训练及重点环节的教学设计,每次活动都力求使学生上一个新台阶,技能训练既有连续性又有层次性。

7. 注重培养学生良好的操作习惯,把法治意识、规范意识、安全意识、质量意识、服务意识、职业道德和敬业精神融入教学活动中,促进学生综合职业素养的养成。

（三）教学评价建议

1. 以课程标准为依据,开展基于课程标准的教学评价。

2. 以评促教、以评促学,通过课堂教学及时评价,不断改进教学手段。

3. 教学评价始终坚持德技并重的原则,构建德技融合的专业课教学评价体系,把思政和职业素养的评价内容与要求细化为具体的评价指标,有机融入专业知识与技能的评价指标体系中,形成可观察可测量的评价量表,综合评价学生学习情况。通过有效评价,在日常教学中不断促进学生良好的思想品德和职业素养的形成。

4. 注重日常教学中对学生学习的评价,充分利用多种过程性评价工具,如评价表、记录袋等,积累过程性评价数据,形成过程性评价与终结性评价相结合的评价模式。

5. 在日常教学中开展对学生学习的评价时,充分利用信息化手段,借助各类较成熟的教育评价平台,探索线上与线下相结合的评价模式,提高评价的科学性、专业性和客观性。

（四）资源利用建议

1. 充分利用和开发常用课程资源。建议选用国家规划教材和辅助教学资料,开发适合教学使用的多媒体教学资源库和多媒体教学课件。利用幻灯片、投影、录屏、微课等营造生动形象的学习环境,激发学生的学习兴趣,促进学生对专业知识的理解和掌握。建议加强图形图像处理课程资源的开发,建立"线上＋线下"课程资源数据库,努力实现中职学校之间的课程资源共享。

2. 积极利用和开发网络课程资源。引导学生挖掘丰富的在线资源,自主学习与数字媒体技术应用相关的指导视频。充分利用电子书籍、电子期刊、数字图书馆、教育网站和电子论坛等,使教学媒体从单一媒体向多媒体转变,使教学活动从信息的单向传递向双向交换转变,使学生从单独学习向合作学习转变。

3. 通过产学合作开发本专业课程实训资源。加强与数字媒体技术应用领域的公司合作,建立实习实训基地,满足学生的实习实训需求,并在此过程中进行图形图像处理课程实训资源的开发。

界面设计课程标准

▌课程名称

界面设计

▌适用专业

中等职业学校数字媒体技术应用专业

一、 课程性质

本课程是中等职业学校数字媒体技术应用专业的一门专业核心课程,也是该专业的一门必修课程。其功能是使学生理解移动端界面设计的基础知识和设计规范,具备图标和界面的设计制作能力,能满足界面设计岗位的职业技能要求。本课程需要学生具备基础的图形图像处理能力,为学生后续学习其他专业课程奠定基础。

二、 设计思路

本课程的总体设计思路是:遵循任务引领、理实一体的原则,根据数字媒体技术应用专业职业岗位的工作任务与职业能力分析结果,以"界面设计"工作领域的相关工作任务与职业能力为依据而设置。

课程内容紧紧围绕界面设计从业人员应具备的职业能力要求,选取了产品项目管理,页面设计与布局,图标的类型、常用格式和尺寸规范,不同类型图标制作,不同类型页面制作,客户与产品需求分析,产品测试与输出等内容,遵循适度够用的原则,确定相关理论知识、专业技能与要求,并融入"1+X"数字影像处理职业技能等级证书(初级)的相关考核要求。

课程内容组织按照职业能力发展规律和学生认知规律,以移动端产品的项目开发流程为逻辑主线,由易到难,循序渐进,包括界面布局、图标和界面设计、交互设计、测试与输出 4 个学习任务。以任务为引领,通过任务整合相关知识、技能与职业素养,充分体现任务引领型课程的特点。

本课程建议学时数为 72 学时。

三、 课程目标

通过本课程的学习,学生具备从事界面设计所必需的基础知识和基本技能,掌握图标和界面的设计规范,能根据需求设计制作不同风格的图标和界面,分析客户需求,对产品效果图进行简单的交互处理,达到界面设计岗位的相关考核要求,具体达成以下职业素养和职业能力目标。

(一)职业素养目标

● 养成良好的职业道德、安全意识、服务意识。

● 养成认真负责、严谨细致、刻苦钻研、精益求精的职业态度。

● 养成良好的团队合作意识,服从团队分工,乐于倾听他人的意见和建议。

● 热爱本专业,坚定职业理想与信念,持续关注行业动态,更新知识结构。

● 养成良好的审美意识和一定的创新意识。

● 养成良好的法律意识,遵守互联网法律法规,尊重作品版权。

(二)职业能力目标

● 能根据产品设计规范进行项目管理。

● 能根据设计需求合理使用平面构成的基本形式和方法进行设计与布局。

● 能根据设计需求和设计规范制作相关界面图标。

● 能根据任务需求设计制作不同类型的界面。

● 能根据产品需求进行客户痛点分析。

● 能根据产品需求绘制低保真原型设计图。

● 能根据设计需求制作常用交互动效。

● 能根据设计需求对界面进行切图标注。

● 能根据行业标准对产品进行测试。

四、课程内容与要求

学习任务	技能与学习要求	知识与学习要求	参考学时
1. 界面布局	1. 合理使用平面构成的基本形式和方法进行设计与布局 ● 能运用点、线、面元素布局界面 ● 能运用分割与群化布局界面 2. 页面的色彩搭配 ● 能根据需求选择合适的色彩 ● 能运用同类色、互补色等进行页面搭配	1. 平面构成的相关知识 ● 概括平面构成中点、线、面的运用方法 ● 简述界面的构成要素 2. 色彩构成的相关知识 ● 概括色彩构成的原理和规律 ● 归纳光与色彩、色系与色彩混合的关系	12

（续表）

学习任务	技能与学习要求	知识与学习要求	参考学时
1. 界面布局	3. 版式和构图设计法则运用 ● 能使用平面软件进行界面布局 ● 能根据需求对图片进行编排 ● 能根据需求对文字进行组合编排	3. 色彩分类与搭配方法 ● 简述色彩的分类和功能性 ● 归纳色彩的搭配方法 4. 版式设计原理 ● 简述版式设计原理 ● 概括版式设计的构图元素与法则 5. 字体选择与构图方式 ● 简述字体选择在界面设计中的作用 ● 归纳常见的构图方式	
2. 图标和界面设计	1. 图标设计 ● 能根据设计规范创建图标文件 ● 能根据应用需求使用平面软件设置和存储界面图标 ● 能根据产品需求设计符合风格的图标 2. 不同种类和风格的图标制作 ● 能使用矢量工具制作矢量线性图标 ● 能使用矢量工具和图层样式工具制作扁平化图标 ● 能使用矢量工具、图层样式工具和贴图制作拟物化图标 ● 能使用矢量工具绘制图标和简单插画 ● 能使用曲线、色阶、色相/饱和度等调色工具对图标进行校色 3. App 界面设计与制作 ● 能根据设计规范创建界面文件 ● 能根据用户需求设计登录页、首页、列表页等常用页面 ● 能根据界面种类不同选择相应的页面布局 ● 能根据界面风格选择相匹配的颜色 ● 能根据设计规范对文件进行命名和存储	1. App 图标的设计规范 ● 简述 App 的设计单位 ● 概括图标的设计规范 2. 图标的常用尺寸和格式 ● 简述图标的常用尺寸 ● 说出图标的常用格式 3. 图标的设计流程与界面差异 ● 概括图标的设计流程 ● 举例说明 IOS、Android 系统和界面的差异性 4. App 图标的种类和风格 ● 简述图标的类型和作用 ● 概括矢量线性图标、扁平化图标、拟物化图标、手绘图标的设计风格和特点 5. App 界面设计的特性 ● 归纳不同的界面分类 ● 说出常用的界面类型 ● 说出界面的设计原则 ● 列举常见的界面构图形式	22

(续表)

学习任务	技能与学习要求	知识与学习要求	参考学时
3. 交互设计	1. 需求挖掘分析 ● 能根据产品特性选择用户进行数据收集 ● 能根据产品行业特性挖掘产品的功能性和差异性 ● 能通过数据分析提出产品开创性的设计理念 ● 能通过数据对用户进行定性分析 2. 信息架构梳理与分析 ● 能根据行业数据制作用户画像 ● 能根据用户画像创建故事脚本 ● 能根据用户画像和故事脚本挖掘用户体验中的痛点 ● 能根据用户痛点提供解决方案 3. 交互框架搭建 ● 能根据需求确立产品设计理念并主导信息架构 ● 能根据信息架构使用软件绘制交互线框图 ● 能根据信息架构使用软件绘制低保真原型设计图 ● 能根据信息架构制作交互说明文档 4. 交互动效设计与制作 ● 能根据信息框架制作界面交互效果 ● 能使用软件实现图标及元素动效交互 ● 能使用软件制作界面转场效果 ● 能使用软件制作微交互效果	1. 数据收集和产品特性 ● 归纳收集用户数据的方法和途径 ● 概括产品的功能性和差异性 2. 用户人群和用户体验 ● 举例说明如何确定用户人群 ● 简述用户体验的概念 3. 信息架构 ● 概述信息架构的概念 ● 简述如何分析产品的信息架构 4. 用户故事与痛点 ● 举例说明如何创建用户故事脚本 ● 概述如何挖掘用户痛点 5. 交互框架 ● 简述交互线框图的内容 ● 归纳交互线框图的基本结构 ● 概述交互线框图中的具体信息展示形式、功能和交互界面的用途 6. 交互动效设计的相关知识 ● 概述交互动效的设计原则 ● 举例说明常用的交互动效 ● 简述微交互的要素	26
4. 测试与输出	1. 系统适配 ● 能根据不同系统正确选择相应的设计规范 ● 能根据设计规范向上和向下输出文件 2. 界面切图标注 ● 能使用软件对界面、功能图标进行标注 ● 能按照设计需求对界面进行切图标注	1. 系统适配的步骤与方式 ● 简述系统适配的步骤 ● 概括适配规则与方式 2. 标注设计图要求 ● 简述设计图的标注基准 ● 说出标注设计图的注意事项 ● 归纳常用的标注名称	12

（续表）

学习任务	技能与学习要求	知识与学习要求	参考学时
4. 测试与输出	● 能按照开发规范对切图内容进行科学命名 3. 产品测试 ● 能按照开发规范测试产品 ● 能测试产品的功能、性能、逻辑性 4. 产品发布 ● 能根据投放平台选择合适的发布方式 ● 能根据产品特性提出运营方案	3. 产品测试的注意事项 ● 概括产品测试的注意事项 4. 产品发布与运营的流程和注意事项 ● 简述产品的发布流程 ● 概括产品运营的注意事项	
总学时			72

五、 实施建议

（一）教材编写与选用建议

1. 应依据本课程标准编写教材或选用教材，从国家和市级教育行政部门发布的教材目录中选用教材，优先选用国家和市级规划教材。

2. 教材要充分体现育人功能，紧密结合教材内容、素材，有机融入课程思政要求，将课程思政内容与专业知识、技能有机统一。

3. 教材编写应转变以教师为中心的传统教材观，以学生的"学"为中心，遵循中职学生的学习特点与规律，以学生的思维方式设计教材结构和组织教材内容。

4. 教材编写应以"界面设计"工作领域的职业能力为逻辑线索，按照职业能力培养由易到难、由简单到复杂、由单一到综合的规律，确定教材各部分的目标、内容，并进行相应的任务、活动设计等，从而构建结构清晰、层次分明的教材内容体系。

5. 教材在进行整体设计和内容选取时，要注重引入行业发展的新业态、新知识、新技术、新工艺、新方法，对应相应的职业标准和岗位要求，贴近工作实际，体现先进性和实用性，创造或引入职业情境，增强教材的职场感。

6. 教材应以学生为本，增强对学生的吸引力，贴近岗位技能与知识的要求，符合学生的认知，采用生动活泼的、学生乐于接受的语言、图表等呈现内容，让学生在使用教材时有亲切感、真实感。

7. 教材应注重实践内容的可操作性，强调在操作中理解与应用理论。

（二）教学实施建议

1. 切实推进课程思政在教学中的有效落实，寓价值观引导于知识传授和能力培养中，帮助学生塑造正确的世界观、人生观、价值观。深入梳理教学内容,结合课程特点,充分挖掘课程内容中的思政元素,把思政教学与专业知识、技能教学融为一体,达到润物无声的育人效果。

2. 充分体现职业教育"实践导向、任务引领、理实一体、做学合一"的课改理念,紧密联系数字媒体技术应用行业的实际应用,以岗位的典型工作任务为载体,加强理论教学与实践教学的结合,充分利用各种实训场所与设备,以学生为教学主体,以能力为本位,以职业活动为导向,以专业技能为核心,使学生在做中学、学中做,引导学生进行实践和探索,注重培养学生的实际操作能力、分析问题和解决问题的能力。

3. 牢固树立以学生为中心的教学理念,充分尊重学生。教师应成为学生学习的组织者、指导者和同伴,遵循学生的认知特点和学习规律,围绕学生的"学"设计教学活动。

4. 改变传统的灌输式教学,充分调动学生学习的积极性、能动性,采取灵活多样的教学方式,积极探索自主学习、合作学习、探究式学习、问题导向式学习、体验式学习、混合式学习等体现教学新理念的教学方式,提高学生学习的兴趣。

5. 依托多元的现代信息技术手段,将其有效运用于教学,改进教学方法与手段,提升教学效果。

6. 注重技能训练及重点环节的教学设计,每次活动都力求使学生上一个新台阶,技能训练既有连续性又有层次性。

7. 注重培养学生良好的操作习惯,把法治意识、规范意识、安全意识、质量意识、服务意识、职业道德和敬业精神融入教学活动中,促进学生综合职业素养的养成。

(三)教学评价建议

1. 以课程标准为依据,开展基于课程标准的教学评价。

2. 以评促教、以评促学,通过课堂教学及时评价,不断改进教学手段。

3. 教学评价始终坚持德技并重的原则,构建德技融合的专业课教学评价体系,把思政和职业素养的评价内容与要求细化为具体的评价指标,有机融入专业知识与技能的评价指标体系中,形成可观察可测量的评价量表,综合评价学生学习情况。通过有效评价,在日常教学中不断促进学生良好的思想品德和职业素养的形成。

4. 注重日常教学中对学生学习的评价,充分利用多种过程性评价工具,如评价表、记录袋等,积累过程性评价数据,形成过程性评价与终结性评价相结合的评价模式。

5. 在日常教学中开展对学生学习的评价时,充分利用信息化手段,借助各类较成熟的教育评价平台,探索线上与线下相结合的评价模式,提高评价的科学性、专业性和客观性。

（四）资源利用建议

1. 充分利用和开发常用课程资源。建议选用国家规划教材和辅助教学资料,开发适合教学使用的多媒体教学资源库和多媒体教学课件。利用幻灯片、投影、录屏、微课等营造生动形象的学习环境,激发学生的学习兴趣,促进学生对专业知识的理解和掌握。建议加强界面设计课程资源的开发,建立"线上＋线下"课程资源数据库,努力实现中职学校之间的课程资源共享。

2. 积极利用和开发网络课程资源。引导学生挖掘丰富的在线资源,自主学习与数字媒体技术应用相关的指导视频。充分利用电子书籍、电子期刊、数字图书馆、教育网站和电子论坛等,使教学媒体从单一媒体向多媒体转变,使教学活动从信息的单向传递向双向交换转变,使学生从单独学习向合作学习转变。

3. 通过产学合作开发本专业课程实训资源。加强与数字媒体技术应用领域的公司合作,建立实习实训基地,满足学生的实习实训需求,并在此过程中进行界面设计课程实训资源的开发。

平面设计与制作课程标准

课程名称

平面设计与制作

适用专业

中等职业学校数字媒体技术应用专业

一、 课程性质

本课程是中等职业学校数字媒体技术应用专业的一门专业核心课程,也是该专业的一门必修课程。其功能是使学生掌握平面设计与制作的基本理论知识和常用基本技能,具备平面设计与制作的职业能力,能满足平面设计和制作岗位的职业技能要求。本课程为三维设计与制作等课程打下基础,也为学生后续学习其他专业课程奠定基础。

二、 设计思路

本课程的总体设计思路是:遵循任务引领、理实一体的原则,根据数字媒体技术应用专业职业岗位的工作任务与职业能力分析结果,以"平面动画设计与制作"工作领域的相关工作任务与职业能力为依据而设置。

课程内容紧紧围绕平面设计与制作从业人员应具备的职业能力要求,选取了概念设计、三视图绘制、场景绘制、角色绘制、分镜设计绘制、元件制作、镜头动画制作、中间动画制作等内容,遵循适度够用的原则,确定相关理论知识、专业技能与要求,并融入"1+X"数字创意建模职业技能等级证书(初级)的相关考核要求。

课程内容组织按照职业能力发展规律和学生认知规律,以平面设计与制作的典型工作任务为逻辑主线,由易到难,循序渐进,包括平面动画设计与制作基础、原画设计、分镜设计、平面动画制作、音画输出5个学习任务。以任务为引领,通过任务整合相关知识、技能与职业素养,充分体现任务引领型课程的特点。

本课程建议学时数为64学时。

三、 课程目标

通过本课程的学习,学生具备平面设计与制作的基础知识,掌握平面设计与制作的基本技能,能进行原画设计、分镜设计和平面动画制作,达到平面设计与制作岗位的相关考核要求,具体达成以下职业素养和职业能力目标。

(一) 职业素养目标

- 养成良好的职业道德、版权意识、创新意识。
- 养成认真负责、严谨细致、刻苦钻研、精益求精的职业态度。
- 具有良好的语言沟通、文字表达和组织协调能力。
- 养成良好的团队合作意识,服从团队分工,乐于倾听他人的意见和建议。
- 热爱本专业,坚定职业理想与信念,具备学习新技术和知识转移的能力。
- 具备一定的美学艺术素养和创新创意能力。
- 具有良好的敬业精神,遵守行业法律法规和有关规定。

(二) 职业能力目标

- 能根据概念设计绘制三视图。
- 能根据概念设计绘制场景。
- 能根据概念设计绘制角色的面部表情和动画动作。
- 能设计制作音画同步的动画效果。
- 能完成从文字剧本到分镜脚本的分析。
- 能灵活运用视听语言进行简单的文字分镜编写。
- 能运用视听语言进行分镜脚本绘制。
- 能根据分镜脚本制作动态分镜。
- 能根据动画分镜脚本制作角色动画。
- 能根据需求制作动画片头、片尾和字幕。
- 能灵活运用视听语言进行简单的动态分镜制作。
- 能使用软件独立完成简单情节的四格及多格漫画绘制。
- 能使用软件独立完成简单情节的短视频分镜制作。

四、 课程内容与要求

学习任务	技能与学习要求	知识与学习要求	参考学时
1. 平面动画设计与制作基础	1. 选择平面动画设计软件 ● 能根据设计需求和动画制作的不同步骤选择平面动画设计软件	1. 原画设计的相关概念 ● 概述原画的概念 ● 阐述中间画的概念	4

学习任务	技能与学习要求	知识与学习要求	参考学时
1. 平面动画设计与制作基础	2. 安装二维动画制作软件 ● 能安装二维动画制作软件 ● 能安装手绘板等辅助硬件 ● 能根据自身习惯修改相关预制项目 3. 掌握平面动画制作的标准化流程 ● 能掌握二维动画的制作流程	2. 动画制作的相关知识 ● 概述动画的概念 ● 概括二维动画的发展历史 3. 动画制作流程与软件 ● 简述二维动画的制作流程 ● 列举常见的二维动画制作软件 4. 动画分类 ● 列举以制作技术为依据的动画分类 ● 列举以传播媒介为依据的动画分类 ● 列举以创作用途为依据的动画分类	
2. 原画设计	1. 概念设计 ● 能根据剧本要求协助主创人员进行概念设计 2. 绘制三视图 ● 能根据提供的角色造型设计三视图 ● 能根据提供的角色造型设计色彩效果图 ● 能掌握直线形态的空间转面能力 3. 绘制场景 ● 能根据主场景设计图设计空间布局图 ● 能根据主场景设计图设计透视图 ● 能根据主场景设计图设计道具陈设图 4. 绘制角色 ● 能根据概念设计绘制角色 ● 能设计制作角色的面部表情 ● 能设计制作角色的动画动作 5. 制作动物类动画 ● 能设计制作动物类的动画效果 6. 制作自然现象类动画 ● 能设计制作自然现象类的动画效果	1. 概念设计 ● 简述概念设计的概念 ● 列举概念设计的领域 2. 三视图 ● 简述三视图的概念 ● 列举三视图的应用场景 3. 角色转面形态 ● 归纳角色转面的形态分解 4. 头部解剖与人体透视的相关知识 ● 简述头部解剖的常识 ● 简述人体透视的概念 ● 说出常见的角色动态、面部表情等造型 5. 场景设计的相关知识 ● 归纳场景氛围设计的类型 ● 归纳透视图的绘画要点 6. 三视图与材质 ● 列举三视图的绘画规则 ● 简述材质表现的注意事项 7. 色光与色构原理 ● 归纳色光与色构原理 8. 角色面部表情 ● 说出面部表情的设计方法 ● 列出面部表情的制作步骤 9. 角色动画动作 ● 说出角色动画的设计方法 ● 列出角色动画的制作步骤	12

（续表）

学习任务	技能与学习要求	知识与学习要求	参考学时
2. 原画设计		10. 动物类动画 ● 简述动物类动画的特点 ● 列出动物类动画的制作步骤 11. 自然现象类动画 ● 简述自然现象类动画的特点 12. 音画同步 ● 概述音画同步的要点和实现步骤	
3. 分镜设计	1. 分析分镜头 ● 能完成从文字剧本到分镜脚本的分析 ● 能编写简单的文字分镜头 2. 绘制各类素材 ● 能根据脚本设计角色造型 ● 能根据脚本设计场景 ● 能根据脚本设计重要道具 3. 绘制静态画面分镜 ● 能绘制分镜头草图 ● 能掌握透视的基本原理 4. 制作动态分镜 ● 能使用软件制作动态分镜头 ● 能使用软件制作 MG 动画	1. 景别与角度 ● 说出常见的景别及其特点 ● 说出常见的角度及其特点 2. 拍摄方法与构图形式 ● 说出常见的拍摄方法及其特点 ● 列举常见的构图形式 ● 简述轴线法则 3. 转场和镜头组接 ● 说出常见的转场技巧 ● 归纳镜头组接的规律 4. 分镜脚本的基本知识 ● 简述分镜脚本的基本概念 ● 说出常见的分镜脚本形式及适用领域 5. 分镜项目与 MG 动画 ● 归纳分镜项目的制作流程 ● 简述 MG 动画的概念 6. 分镜脚本的基本格式 ● 简述文字分镜脚本的基本格式 ● 简述静态分镜的基本格式 ● 说出镜头制作的内容和要求	12
4. 平面动画制作	1. 制作动画元件 ● 能根据需求制作角色元件 ● 能根据需求制作场景元件 2. 创建图层 ● 能为各元件建立独立图层 ● 能为图层规范命名 3. 绘制图形 ● 能根据分镜脚本绘制人物、道具、场景的关键帧	1. 元件的基本知识 ● 归纳元件的作用原理 ● 说出元件的工作特性 ● 归纳元件的使用规律 2. 平面动画的形成原理与制作流程 ● 记住平面动画的形成原理 ● 说明平面动画的制作流程 3. 关键帧动画 ● 记住关键帧动画的作用原理	40

（续表）

学习任务	技能与学习要求	知识与学习要求	参考学时
4. 平面动画制作	● 能制作关键帧动画 4. 制作中间画 ● 能根据分镜脚本制作中间画（补间动画） ● 掌握中间画的绘制技巧 5. 制作简单动画效果 ● 能根据需求制作遮罩层动画 ● 能根据需求制作引导层动画 ● 能根据分镜脚本制作镜头动画 ● 能根据需求输出动画视频	4. 传统补间动画 ● 记住传统补间动画的作用原理 ● 说出传统补间动画的可编辑对象属性 ● 归纳传统补间动画的使用规律 5. 遮罩层动画 ● 记住遮罩层动画的作用原理 ● 说出遮罩层的使用特点 ● 归纳遮罩层动画的使用规律 6. 引导层动画 ● 记住引导层动画的作用原理 ● 说出引导层的使用特点 ● 归纳引导层动画的使用规律	
5. 音画输出	1. 制作音画同步 ● 能设计制作音画同步的动画效果 ● 能给动画添加合适的音效与背景音乐 ● 能利用软件功能对音乐内容进行简单编辑 ● 能利用不同音乐类型的特性给动画作品合理添加音乐 2. 制作片头、片尾和字幕 ● 能根据需求制作动画片头、片尾和字幕 3. 输出动画 ● 能根据要求进行动画参数设定和输出	1. 插入音乐的类型 ● 记住事件类型音乐的特性 ● 记住数据流类型音乐的特性 2. 音乐的选择原则与要求 ● 概述音乐的选择原则 ● 简述音乐使用的注意事项 3. 片头 ● 概述片头的作用 ● 简述片头的重要性 4. 片尾 ● 概述片尾制作的注意事项 ● 简述片尾的重要性 5. 动画输出步骤与要求 ● 概述动画的相关参数 ● 简述动画输出的步骤和方法	4
总学时			72

五、 实施建议

（一）教材编写与选用建议

1. 应依据本课程标准编写教材或选用教材，从国家和市级教育行政部门发布的教材目录中选用教材，优先选用国家和市级规划教材。

2. 教材要充分体现育人功能,紧密结合教材内容、素材,有机融入课程思政要求,将课程思政内容与专业知识、技能有机统一。

3. 教材编写应转变以教师为中心的传统教材观,以学生的"学"为中心,遵循中职学生的学习特点与规律,以学生的思维方式设计教材结构和组织教材内容。

4. 教材编写应以"平面动画设计与制作"工作领域的职业能力为逻辑线索,按照职业能力培养由易到难、由简单到复杂、由单一到综合的规律,确定教材各部分的目标、内容,并进行相应的任务、活动设计等,从而构建结构清晰、层次分明的教材内容体系。

5. 教材在进行整体设计和内容选取时,要注重引入行业发展的新业态、新知识、新技术、新工艺、新方法,对应相应的职业标准和岗位要求,贴近工作实际,体现先进性和实用性,创造或引入职业情境,增强教材的职场感。

6. 教材应以学生为本,增强对学生的吸引力,贴近岗位技能与知识的要求,符合学生的认知,采用生动活泼的、学生乐于接受的语言、图表等呈现内容,让学生在使用教材时有亲切感、真实感。

7. 教材应注重实践内容的可操作性,强调在操作中理解与应用理论。

(二) 教学实施建议

1. 切实推进课程思政在教学中的有效落实,寓价值观引导于知识传授和能力培养中,帮助学生塑造正确的世界观、人生观、价值观。深入梳理教学内容,结合课程特点,充分挖掘课程内容中的思政元素,把思政教学与专业知识、技能教学融为一体,达到润物无声的育人效果。

2. 充分体现职业教育"实践导向、任务引领、理实一体、做学合一"的课改理念,紧密联系数字媒体技术应用行业的实际应用,以岗位的典型工作任务为载体,加强理论教学与实践教学的结合,充分利用各种实训场所与设备,以学生为教学主体,以能力为本位,以职业活动为导向,以专业技能为核心,使学生在做中学、学中做,引导学生进行实践和探索,注重培养学生的实际操作能力、分析问题和解决问题的能力。

3. 牢固树立以学生为中心的教学理念,充分尊重学生。教师应成为学生学习的组织者、指导者和同伴,遵循学生的认知特点和学习规律,围绕学生的"学"设计教学活动。

4. 改变传统的灌输式教学,充分调动学生学习的积极性、能动性,采取灵活多样的教学方式,积极探索自主学习、合作学习、探究式学习、问题导向式学习、体验式学习、混合式学习等体现教学新理念的教学方式,提高学生学习的兴趣。

5. 依托多元的现代信息技术手段,将其有效运用于教学,改进教学方法与手段,提升教学效果。

6. 注重技能训练及重点环节的教学设计,每次活动都力求使学生上一个新台阶,技能训练既有连续性又有层次性。

7. 注重培养学生良好的操作习惯,把法治意识、规范意识、安全意识、质量意识、服务意识、职业道德和敬业精神融入教学活动中,促进学生综合职业素养的养成。

(三)教学评价建议

1. 以课程标准为依据,开展基于课程标准的教学评价。

2. 以评促教、以评促学,通过课堂教学及时评价,不断改进教学手段。

3. 教学评价始终坚持德技并重的原则,构建德技融合的专业课教学评价体系,把思政和职业素养的评价内容与要求细化为具体的评价指标,有机融入专业知识与技能的评价指标体系中,形成可观察可测量的评价量表,综合评价学生学习情况。通过有效评价,在日常教学中不断促进学生良好的思想品德和职业素养的形成。

4. 注重日常教学中对学生学习的评价,充分利用多种过程性评价工具,如评价表、记录袋等,积累过程性评价数据,形成过程性评价与终结性评价相结合的评价模式。

5. 在日常教学中开展对学生学习的评价时,充分利用信息化手段,借助各类较成熟的教育评价平台,探索线上与线下相结合的评价模式,提高评价的科学性、专业性和客观性。

(四)资源利用建议

1. 充分利用和开发常用课程资源。建议选用国家规划教材和辅助教学资料,开发适合教学使用的多媒体教学资源库和多媒体教学课件。利用幻灯片、投影、录屏、微课等营造生动形象的学习环境,激发学生的学习兴趣,促进学生对专业知识的理解和掌握。建议加强平面设计与制作课程资源的开发,建立"线上+线下"课程资源数据库,努力实现中职学校之间的课程资源共享。

2. 积极利用和开发网络课程资源。引导学生挖掘丰富的在线资源,自主学习与数字媒体技术应用相关的指导视频。充分利用电子书籍、电子期刊、数字图书馆、教育网站和电子论坛等,使教学媒体从单一媒体向多媒体转变,使教学活动从信息的单向传递向双向交换转变,使学生从单独学习向合作学习转变。

3. 通过产学合作开发本专业课程实训资源。加强与数字媒体技术应用领域的公司合作,建立实习实训基地,满足学生的实习实训需求,并在此过程中进行平面设计与制作课程实训资源的开发。

三维设计与制作课程标准

┃ 课程名称

三维设计与制作

┃ 适用专业

中等职业学校数字媒体技术应用专业

一、 课程性质

本课程是中等职业学校数字媒体技术应用专业的一门专业核心课程,也是该专业的一门必修课程。其功能是使学生掌握三维数字作品制作的基础知识和创作技巧,具备使用软件进行三维建模、材质与贴图设置、渲染合成等能力,能满足三维数字创意建模岗位的职业技能要求。本课程是三维动画制作技术、数字创意建模、虚拟现实引擎技术、虚拟现实与增强现实应用技术等课程的先导课程,为学生后续学习其他专业课程奠定基础。

二、 设计思路

本课程的总体设计思路是:遵循任务引领、理实一体的原则,根据数字媒体技术应用专业职业岗位的工作任务与职业能力分析结果,以"三维动画设计与制作"工作领域的相关工作任务与职业能力为依据而设置。

课程内容紧紧围绕三维数字创意建模从业人员应具备的职业能力要求,选取了三维卡通场景制作、卡通角色模型制作、室内外三维写实场景制作、UV 拆分、材质与贴图设置、基础动画制作、骨骼模型创建、蒙皮与权重设置、粒子动画制作、灯光布局、摄像机动画制作、动画视频后期特效制作、渲染输出作品等内容,遵循适度够用的原则,确定相关理论知识、专业技能与要求,并融入"1 + X"数字创意建模职业技能等级证书(初级)的相关考核要求。

课程内容组织按照职业能力发展规律和学生认知规律,以三维数字创意建模的典型工作任务为逻辑主线,由易到难,循序渐进,包括三维软件的基本操作、三维模型制作、材质与贴图设置、基础动画制作、灯光与摄像机设置、环境特效和渲染输出 6 个学习任务。以任务为引领,通过任务整合相关知识、技能与职业素养,充分体现任务引领型课程的特点。

本课程建议学时数为 144 学时。

三、 课程目标

通过本课程的学习,学生能了解三维设计与制作的基本原理和常规流程,掌握常用三维建模方法、材质制作、灯光渲染的方法和技巧,能制作基础动画和角色绑定动画,达到三维数字创意建模岗位的相关考核要求,具体达成以下职业素养和职业能力目标。

(一) 职业素养目标

● 养成良好的职业道德、信息安全意识、服务意识。

● 养成认真负责、严谨细致、刻苦钻研、精益求精的职业态度。

● 养成规范管理数字资产的习惯,具备良好的三维设计与制作能力、成本意识。

● 热爱本专业,坚定职业理想与信念,不断关注行业相关的新技术、新动态。

● 具有自主学习和迁移创新能力,并在学习过程中培养团队合作意识,服从团队分工,乐于倾听他人的意见和建议。

(二) 职业能力目标

● 能根据需求选择合适的建模方法。

● 能根据概念设计制作三维卡通场景。

● 能根据原画设计和三视图制作卡通角色模型。

● 能根据需求制作室内外三维写实场景。

● 能根据模型特性进行正确的 UV 拆分,完成材质与贴图设置。

● 能使用关键帧制作基础动画和摄像机镜头动画。

● 能根据需求建立合适的骨骼模型,并对模型进行蒙皮与权重设置。

● 能使用粒子系统和空间扭曲制作不同类型的粒子动画。

● 能根据场景设定添加动画视频后期特效。

● 能根据场景设定进行灯光参数设置,合理布置灯光。

● 能根据需求合理设计渲染方案。

四、 课程内容与要求

学习任务	技能与学习要求	知识与学习要求	参考学时
1. 三维软件的基本操作	1. 合理使用三维软件 ● 能熟练使用三维软件的常用操作工具 ● 能按照要求进行视图调整	1. 三维软件界面 ● 概括主界面各区域的功能 ● 说出调整用户界面的方法 2. 常用快捷键 ● 简述设置快捷键的方法	30

（续表）

学习任务	技能与学习要求	知识与学习要求	参考学时
1. 三维软件的基本操作	2. 基本体建模 ● 能使用软件自带的标准基本体搭建简单模型 ● 能使用软件自带的扩展基本体搭建简单模型 3. 常用修改器建模 ● 能熟练使用常用修改器进行建模 ● 能根据需求正确选择合适的修改器 4. 二维曲线绘制 ● 能熟练使用二维画线功能创建曲线 ● 能按照要求对曲线进行编辑和调整 5. 复合物体建模 ● 能正确使用放样工具进行复合物体建模 ● 能熟练使用三维布尔运算工具进行建模 6. 多边形建模 ● 能按照要求熟练操作多边形建模工具 ● 能按照要求对模型进行点、线、面层级的编辑 ● 能按照要求对模型布线进行调整	3. 基本体的创建方法 ● 列举基本体的创建方法 ● 简述基本体各参数的含义 4. 常用修改器 ● 简述常用修改器的功能 ● 归纳常用修改器的使用方法 ● 简述常用修改器各参数的含义 5. 画线工具 ● 记住画线工具的创建方法 ● 举例说明调整曲线的几种方法 6. 放样工具和三维布尔运算工具 ● 举例说明放样工具的创建方法 ● 举例说明三维布尔运算工具的应用 7. 编辑多边形工具 ● 简述编辑多边形各种命令的功能 ● 识记多边形建模工具的使用方法 ● 记住点、线、面层级的概念和操作方法	
2. 三维模型制作	1. 三维卡通场景制作 ● 能按照要求制作三维卡通场景低模 ● 能按照要求制作三维卡通场景细节 2. 三维道具模型制作 ● 能按照要求设计三维道具造型 ● 能根据设定制作低精度三维道具模型 3. 卡通角色模型制作 ● 能根据原画设计和三视图制作卡通角色模型	1. 三维卡通场景的布局与制作方法 ● 记住三维卡通场景的布局方法 ● 归纳三维卡通场景的制作方法 ● 说出不同种类三维卡通场景的特点 2. 三维道具 ● 举例说明各类三维道具的结构和特点 ● 归纳三维道具低模布线的方法 3. 卡通角色模型的制作方法 ● 举例说明不同卡通角色骨骼结构的异同 ● 说出不同卡通角色肌肉的特点	40

学习任务	技能与学习要求	知识与学习要求	参考学时
2. 三维模型制作	● 能根据角色特点选择合适的建模方法 ● 能对卡通角色进行合理的布线 4. 室内三维写实场景制作 ● 能制作室内三维写实场景的主体框架 ● 能制作室内三维写实场景的家具模型 5. 室外三维写实场景制作 ● 能制作室外三维写实场景的主体框架 ● 能按照要求制作室外三维写实场景细节 ● 能根据场景的特点正确选择合适的建模方法	● 简述卡通模型布线的方法与必要性 ● 记住卡通角色模型布线的方法 ● 说出合理控制模型面数的必要性 4. 室内三维写实场景的制作方法 ● 记住室内三维写实场景的建模思路 ● 记住室内三维写实场景细节刻画的方法 5. 室外三维写实场景的制作方法 ● 记住室外三维写实场景主体框架的制作流程和细节刻画的方法 ● 举例说明不同建模方法的优点	
3. 材质与贴图设置	1. 材质编辑器使用 ● 能按照要求进行材质球创建 ● 能按照要求熟练使用材质编辑器进行基本材质设置 2. 贴图绘制与处理 ● 能使用图像处理软件处理相关贴图素材 ● 能按照要求使用绘图工具绘制贴图 ● 能按照要求设置贴图的尺寸和数量 3. UVW 展开 ● 能使用 UVW 展开修改器快速展开 UV ● 能根据模型特性进行正确的 UV 拆分 4. 材质与贴图设置 ● 能根据模型特性完成贴图设置 ● 能根据模型特性设置材质，逼真地呈现物体的质感 ● 能熟练呈现场景中的各种材质效果 ● 能积累一些材质库，并根据需求对相关材质进行调整 ● 能使用常见的渲染器	1. 材质创建的相关知识 ● 简述材质编辑器各工具的作用 ● 识记材质球的创建方法和流程 ● 记住材质球赋予对象的方法 2. 贴图 ● 识记贴图素材的处理方法 ● 识记绘图工具的使用方法 ● 简述贴图的尺寸和数量限制的必要性 3. UVW 展开的使用方法 ● 说出 UVW 展开修改器各命令的含义 ● 识记 UVW 展开修改器的使用方法 4. 材质的种类与设置方法 ● 概述常见贴图的种类和特点 ● 识记材质的使用和调整方法 5. 材质呈现与获取途径 ● 识记各种常见材质效果的呈现方法 ● 简述获取和保存常见材质的途径 6. 渲染引擎 ● 举例说明常见的渲染引擎	20

（续表）

学习任务	技能与学习要求	知识与学习要求	参考学时
4. 基础动画制作	1. 自动关键帧动画制作 ● 能使用自动关键帧制作基础动画 ● 能使用动画控制器制作动画 2. 骨骼动画制作 ● 能根据需求建立合适的骨骼模型 ● 能对模型进行蒙皮与权重设置 ● 能制作符合运动规律的三维动画 3. 粒子动画制作 ● 能使用粒子系统和空间扭曲制作不同类型的粒子动画 ● 能根据需求选择空间扭曲对象	1. 自动关键帧动画 ● 简述自动关键帧动画的制作过程 ● 识记常用动画控制器的使用方法 2. 骨骼创建和设置方法 ● 概述骨骼模型的制作过程 ● 识记蒙皮与权重的设置方法 3. 骨骼绑定和调整方法 ● 说出绑定骨骼时数量、位置的注意事项 ● 简述调整骨骼动画的方法 4. 粒子动画 ● 识记粒子系统的使用方法 ● 简述粒子系统各参数的含义 ● 举例说明空间扭曲对象的作用	20
5. 灯光与摄像机设置	1. 灯光系统创建 ● 能按照要求创建灯光 ● 能根据需求进行灯光参数调整 ● 能根据场景设定合理布置灯光 ● 能按照布光技巧呈现场景的明暗分布和层次性 2. 摄像机创建 ● 能按照要求创建摄像机 ● 能按照要求进行摄像机参数设置 ● 能设置合适的摄像机角度以更好地展示模型或动画 ● 能根据场景设定制作摄像机镜头动画	1. 灯光的种类与创建方法 ● 举例说明常见灯光的种类 ● 识记灯光的创建方法 2. 灯光的参数和特点 ● 概述灯光各参数的含义 ● 说出环境光、点光、聚光灯等光源的特点 3. 摄像机的种类与创建方法 ● 识记摄像机的创建方法 ● 举例说明摄影机的种类和作用 4. 摄像机的具体参数与设置方法 ● 概述摄像机各参数的含义 ● 识记摄像机镜头动画的设置方法	14
6. 环境特效和渲染输出	1. 特效制作 ● 能通过调整灯光参数制作符合要求的辉光特效 ● 能通过调整灯光雾参数实现灯光雾效果 ● 能根据场景设定添加动画视频后期特效 2. 渲染器设置 ● 能根据需求安装渲染器	1. 特效的制作和调整方法 ● 简述制作辉光特效的参数调整方法 ● 概述实现灯光雾效果的参数调整方法 2. 动画视频后期特效 ● 举例说明常见动画视频后期特效的种类和效果 3. 渲染器的种类与安装方法 ● 举例说明主流渲染器的种类和特点	20

学习任务	技能与学习要求	知识与学习要求	参考学时
6. 环境特效和渲染输出	● 能根据需求设计渲染方案 ● 能根据不同的画面效果选择合适的渲染器以表现模型与贴图质量 ● 能按照要求设置渲染器参数 ● 能按照要求输出渲染画面	● 简述主流渲染器的安装方法 4. 渲染器参数 ● 识记渲染器各参数的作用 ● 识记常见渲染器主要参数的含义 5. 作品渲染输出的流程 ● 简述作品渲染输出的流程	
总学时			144

五、 实施建议

（一）教材编写与选用建议

1. 应依据本课程标准编写教材或选用教材，从国家和市级教育行政部门发布的教材目录中选用教材，优先选用国家和市级规划教材。

2. 教材要充分体现育人功能，紧密结合教材内容、素材，有机融入课程思政要求，将课程思政内容与专业知识、技能有机统一。

3. 教材编写应转变以教师为中心的传统教材观，以学生的"学"为中心，遵循中职学生的学习特点与规律，以学生的思维方式设计教材结构和组织教材内容。

4. 教材编写应以"三维动画设计与制作"工作领域的职业能力为逻辑线索，按照职业能力培养由易到难、由简单到复杂、由单一到综合的规律，确定教材各部分的目标、内容，并进行相应的任务、活动设计等，从而构建结构清晰、层次分明的教材内容体系。

5. 教材在进行整体设计和内容选取时，要注重引入行业发展的新业态、新知识、新技术、新工艺、新方法，对应相应的职业标准和岗位要求，贴近工作实际，体现先进性和实用性，创设或引入职业情境，增强教材的职场感。

6. 教材应以学生为本，增强对学生的吸引力，贴近岗位技能与知识的要求，符合学生的认知，采用生动活泼的、学生乐于接受的语言、图表等呈现内容，让学生在使用教材时有亲切感、真实感。

7. 教材应注重实践内容的可操作性，强调在操作中理解与应用理论。

（二）教学实施建议

1. 切实推进课程思政在教学中的有效落实，寓价值观引导于知识传授和能力培养中，帮助学生塑造正确的世界观、人生观、价值观。深入梳理教学内容，结合课程特点，充分挖掘课程内容中的思政元素，把思政教学与专业知识、技能教学融为一体，达到润物无声的育人效果。

2. 充分体现职业教育"实践导向、任务引领、理实一体、做学合一"的课改理念,紧密联系数字媒体技术应用行业的实际应用,以岗位的典型工作任务为载体,加强理论教学与实践教学的结合,充分利用各种实训场所与设备,以学生为教学主体,以能力为本位,以职业活动为导向,以专业技能为核心,使学生在做中学、学中做,引导学生进行实践和探索,注重培养学生的实际操作能力、分析问题和解决问题的能力。

3. 牢固树立以学生为中心的教学理念,充分尊重学生。教师应成为学生学习的组织者、指导者和同伴,遵循学生的认知特点和学习规律,围绕学生的"学"设计教学活动。

4. 改变传统的灌输式教学,充分调动学生学习的积极性、能动性,采取灵活多样的教学方式,积极探索自主学习、合作学习、探究式学习、问题导向式学习、体验式学习、混合式学习等体现教学新理念的教学方式,提高学生学习的兴趣。

5. 依托多元的现代信息技术手段,将其有效运用于教学,改进教学方法与手段,提升教学效果。

6. 注重技能训练及重点环节的教学设计,每次活动都办求使学生上一个新台阶,技能训练既有连续性又有层次性。

7. 注重培养学生良好的操作习惯,把法治意识、规范意识、安全意识、质量意识、服务意识、职业道德和敬业精神融入教学活动中,促进学生综合职业素养的养成。

(三)教学评价建议

1. 以课程标准为依据,开展基于课程标准的教学评价。

2. 以评促教、以评促学,通过课堂教学及时评价,不断改进教学手段。

3. 教学评价始终坚持德技并重的原则,构建德技融合的专业课教学评价体系,把思政和职业素养的评价内容与要求细化为具体的评价指标,有机融入专业知识与技能的评价指标体系中,形成可观察可测量的评价量表,综合评价学生学习情况。通过有效评价,在日常教学中不断促进学生良好的思想品德和职业素养的形成。

4. 注重日常教学中对学生学习的评价,充分利用多种过程性评价工具,如评价表、记录袋等,积累过程性评价数据,形成过程性评价与终结性评价相结合的评价模式。

5. 在日常教学中开展对学生学习的评价时,充分利用信息化手段,借助各类较成熟的教育评价平台,探索线上与线下相结合的评价模式,提高评价的科学性、专业性和客观性。

(四)资源利用建议

1. 充分利用和开发常用课程资源。建议选用国家规划教材和辅助教学资料,开发适合教学使用的多媒体教学资源库和多媒体教学课件。利用幻灯片、投影、录屏、微课等营造生动形象的学习环境,激发学生的学习兴趣,促进学生对专业知识的理解和掌握。建议加强三维设计与制作课程资源的开发,建立"线上 + 线下"课程资源数据库,努力实现中职学校之间的课程资源共享。

2. 积极利用和开发网络课程资源。引导学生挖掘丰富的在线资源,自主学习与数字媒体技术应用相关的指导视频。充分利用电子书籍、电子期刊、数字图书馆、教育网站和电子论坛等,使教学媒体从单一媒体向多媒体转变,使教学活动从信息的单向传递向双向交换转变,使学生从单独学习向合作学习转变。

3. 通过产学合作开发本专业课程实训资源。加强与数字媒体技术应用领域的公司合作,建立实习实训基地,满足学生的实习实训需求,并在此过程中进行三维设计与制作课程实训资源的开发。

4. 建立三维动画制作实训室,使之能实现三维设计与制作相关岗位实训,同时满足"1 + X"职业技能等级证书的相关考核要求,将教学与培训合一、教学与实训合一,以培养学生的三维设计与制作能力。

影视剪辑课程标准

▌课程名称

影视剪辑

▌适用专业

中等职业学校数字媒体技术应用专业

一、 课程性质

本课程是中等职业学校数字媒体技术应用专业的一门专业核心课程,也是该专业的一门必修课程。其功能是使学生了解影视剪辑的基本理论知识,掌握影视剪辑的基本技能,具备从事视频剪辑和处理岗位所需的职业能力。本课程是数字音频处理、影视后期特效的先导课程,为学生后续学习其他专业课程奠定基础。

二、 设计思路

本课程的总体设计思路是:遵循任务引领、理实一体的原则,根据数字媒体技术应用专业职业岗位的工作任务与职业能力分析结果,以"影视剪辑"工作领域的相关工作任务与职业能力为依据而设置。

课程内容紧紧围绕视频剪辑和处理从业人员应具备的职业能力要求,选取了素材导入与管理、简单视频编辑、运动效果设计、视频特效设计等内容,遵循适度够用的原则,确定相关理论知识、专业技能与要求,并融入"1＋X"数字影像处理职业技能等级证书(初级)的相关考核要求。

课程内容组织按照职业能力发展规律和学生认知规律,以影视剪辑的典型工作任务为逻辑主线,由易到难,循序渐进,包括素材导入与管理、简单视频编辑、运动效果设计、视频转场设计、视频特效处理、音频处理、片头片尾制作、作品导出 8 个学习任务。以任务为引领,通过任务整合相关知识、技能与职业素养,充分体现任务引领型课程的特点。

本课程建议学时数为 108 学时。

三、 课程目标

通过本课程的学习,学生具备影视剪辑的基础知识和基本技能,能运用非线性编辑系统设备采集、导入、编辑、制作和输出影视作品,具备基本的字幕、特效、滤镜、音效制作技能,达到视频剪辑和处理岗位的相关考核要求,具体达成以下职业素养和职业能力目标。

(一) 职业素养目标

- 养成认真负责、严谨细致、刻苦钻研、精益求精的职业态度。

- 养成良好的团队合作意识,服从团队分工,乐于倾听他人的意见和建议。

- 具有较强的责任心,尽职尽责,敢于担当,不推诿。

- 热爱本专业,坚定职业理想与信念,不断关注行业相关的新技术、新动态。

- 具备良好的产品意识,遵守职业道德规范。

(二) 职业能力目标

- 能使用广播电影电视行业标准进行素材管控与分类整理。

- 能完成图片、音视频文件的格式转换。

- 能按照要求对镜头进行筛选、整理和排列,并完成多机位项目的剪辑制作。

- 能使用剪辑工具完成剪辑点修正。

- 能使用变速工具完成视频节奏调整。

- 能根据音乐节奏和特点组接视频片段。

- 能合理添加转场特效以完成镜头衔接。

- 能根据故事情节确定声乐基调,添加背景音乐。

- 能完成镜头运动动画制作。

- 能使用视频稳定效果修复视频画面抖动。

- 能使用视频范围评估视频的影调和色调。

- 能完成视频片段的一级、二级调色以优化视频效果。

- 能使用字幕工具完成影片字幕制作。

- 能完成片头片尾设计与制作。

- 能完成旁白字幕制作。

- 能完成音频标准化制作。

- 能对人声配音进行降噪处理。

- 能对音频进行音色修正处理。

- 能完成简单的混音制作。

- 能根据发布平台的要求完成数字发布。

- 能根据需求打包和备份项目文件。

四、课程内容与要求

学习任务	技能与学习要求	知识与学习要求	参考学时
1.素材导入与管理	1.素材管理 ● 能区分原始素材的来源和渠道 ● 能使用广播电影电视行业标准进行素材管控 ● 能使用素材管理工具完成原始素材的分类整理 2.素材格式转换 ● 能完成图片、音视频文件的格式转换 3.视频项目创建 ● 能新建 Premiere 项目并进行优化配置操作 4.素材导入 ● 能在项目中导入媒体素材 5.素材编辑 ● 能使用 Premiere 软件对素材进行编辑 ● 能根据所给素材进行简单剪辑	1.数字视频的相关概念和特点 ● 说出数字视频的特点 ● 说出非线性编辑的概念和特点 2.电视制式与常用软件 ● 列举彩色广播电视制式 ● 列举常用视频编辑软件 3.视频编辑的相关概念 ● 简述帧、场的概念 ● 列举标清、高清像素的宽高比 ● 区分图像分辨率和视频分辨率 4.软件界面与工作区 ● 了解 Premiere 软件的工作界面 ● 概述工作区新建、加载的方法 5.项目创建与导入 ● 简述项目的创建方法 ● 列举素材导入和基本编辑的方法	4
2.简单视频编辑	1.序列创建 ● 能在项目中创建多个序列 2.序列管理 ● 能切换不同序列的时间线面板 ● 能对序列进行嵌套处理以完成画中画效果 3.使用监视器窗口编辑视频 ● 能根据需求调整监视器显示模式 ● 能将素材导入监视器视图 ● 能设置素材的入点、出点 4.素材操作 ● 能对时间线面板中的素材进行标记 ● 能分离素材视频和音频 ● 能对素材进行插入编辑和覆盖编辑 ● 能使用三点剪辑或四点剪辑方法将素材添加到时间线上 5.背景音乐添加 ● 能将音乐素材导入项目并为剪辑片段添加背景音乐	1.序列和轨道的概念 ● 简述序列的概念 ● 理解轨道的概念 2.标记和序列管理方法 ● 简述标记的作用和使用方法 ● 概述建立和管理序列的方法 3.素材编辑与分离的方法 ● 概述使用监视器窗口剪辑素材的方法 ● 归纳在时间线面板中分离素材的方法 4.编辑方法与命令 ● 区分插入、覆盖、三点、四点编辑的方法 ● 说出监视器显示模式各命令的含义 5.编辑器工具的功能 ● 简述按钮编辑器各工具的功能 ● 概述基本编辑工具的功能	20

(续表)

学习任务	技能与学习要求	知识与学习要求	参考学时
3. 运动效果设计	1. 运动特效属性设置 ● 能对素材进行运动属性设置 ● 能对素材进行透明度属性设置 ● 能对素材进行时间重映射属性设置 2. 镜头操作 ● 能按照要求对镜头进行筛选、整理和排列 3. 素材操作 ● 能移动素材的位置 ● 能改变素材的尺寸 ● 能设置素材的运动路径 4. 剪辑点修正 ● 能使用剪辑工具完成剪辑点修正 5. 运动特效使用 ● 能使用变速工具完成视频节奏调整 ● 能设置素材旋转角度以达到某种运动效果 ● 能设置素材透明度并使其具有渐隐渐现的效果 6. 关键帧操作 ● 能设置关键帧并添加关键帧插值控制 7. 时间重置特效使用 ● 能改变素材播放速度 ● 能调整播放速度以实现倒放效果 ● 能创建静帧以达到速度变化的过渡 ● 能移除时间重映射特效	1. 特效运动的相关概念 ● 列举摄像机运动镜头的六种基本形式 ● 列举视频镜头的分类 2. 特效控制台的功能 ● 列举特效控制台的各项功能 3. 素材位置、尺寸改变的方法 ● 阐述改变素材位置的方法 ● 阐述修改素材尺寸的方法 4. 素材旋转的作用与方法 ● 阐述旋转效果的制作方法 ● 概述素材旋转角度设置的作用 5. 运动特效的操作方法 ● 阐述改变素材透明度的方法 ● 阐述运动路径的作用和改变路径的方法 ● 简述改变运动速度的方法 ● 简述时间重映射特效的设置和移除方法 6. 关键帧 ● 阐述关键帧的概念 ● 概述关键帧的设置方法 ● 简述关键帧插值的方法	20
4. 视频转场设计	1. 镜头组接 ● 能根据音乐节奏和特点组接视频片段 ● 能完成多机位项目的剪辑制作 2. 背景音乐添加 ● 能根据故事情节确定声乐基调,添加背景音乐 3. 转场应用 ● 能根据需求合理添加转场以达到过渡效果	1. 景别的分类与作用 ● 列举景别的分类 ● 说明景别的作用 2. 镜头组接的相关知识 简述镜头组接的概念 ● 概述影视剪辑的画面处理技巧 ● 概述镜头组接的原则和方法 3. 多机位模式 ● 说出多机位模式可以实现的效果	16

（续表）

学习任务	技能与学习要求	知识与学习要求	参考学时
4. 视频转场设计	● 能合理添加转场特效以完成镜头衔接 ● 能在两个剪辑和多个剪辑之间应用切换 ● 能添加或删除视频转场	● 简述通过多机位切换操作进行录制的方法 4. 转场过渡的方法 ● 简述添加或删除视频转场的方法 ● 概述不同转场的过渡效果 ● 简述视频转场的编辑方法	
5. 视频特效处理	1. 视频特效查找 ● 能快速查找视频特效 2. 视频特效应用 ● 能运用两种方法给素材应用和删除特效 ● 能有序给素材添加视频特效 3. 视频特效参数设置 ● 能设置与调整特效参数 ● 能使用内置预设和保存效果预设完成斜边、风格化过渡等特效设置 4. 视频特效关键帧设置 ● 能根据要求设置关键帧以达到创建动画效果 5. 视频优化 ● 能使用视频稳定效果修复视频画面抖动 ● 能使用视频范围评估视频的影调和色调 ● 能完成视频片段的一级、二级调色以优化视频效果 ● 能设置视频的阴影和高光特效 ● 能利用视频特效去除镜头畸变 6. 图像色彩校正 ● 能对图像色彩进行校正	1. 视频特效的类型与方法 ● 列举音频和视频特效的类型 ● 概述添加或删除视频特效的方法 2. 特效参数的作用和功能 ● 说明特效参数的作用 ● 列举各种视频特效的功能 3. 调色的相关概念 ● 说出调色的概念 ● 说出色谱和色环的概念 4. 调色方法 ● 简述色彩校正方法 ● 概述风格化调色方法 5. 特效面板 ● 了解特效面板的功能 6. 视频效果的使用方法 ● 简述变换、扭曲、程序类视频效果的使用方法 ● 简述时间、杂色、颗粒类视频效果的使用方法 ● 简述其他类型视频效果的使用方法	20
6. 音频处理	1. 音频素材导入与处理 ● 能根据实际需求导入音频素材 ● 能按照指定顺序对节目中的音频素材进行处理	1. 音频轨道 ● 说出音频轨道的分类以及不同音频轨道的区别 2. 音频的类型和处理方法 ● 列举音频的多种类型	16

（续表）

学习任务	技能与学习要求	知识与学习要求	参考学时
6. 音频处理	2. 音量操作 ● 能使用音频增益命令调节音量 ● 能使用素材关键帧调节音量渐变 ● 能给音量增加关键帧 3. 音量转换 ● 能使用音频过渡效果对音量进行转换 4. 音视频链接与解除 ● 能对视频素材进行链接和解除音视频操作 5. 音频操作 ● 能使用自动模式对音频进行控制 ● 能完成音频标准化制作 6. 音频录制与处理 ● 能录制音频 ● 能对人声配音进行降噪处理 ● 能对音频进行音色修正处理 7. 音频特效制作 ● 能完成简单的混音制作 ● 能对影片中的声音与画面进行密切结合 ● 能使用音频特效美化声音素材	● 说出音频素材的声道处理方法 3. 音量平衡与转换的概念 ● 简述音量平衡的概念 ● 简述音频转换的概念 4. 调音台的各项功能与方法 ● 说出调音台面板的各项功能 ● 概述使用增益命令调节音量的方法 5. 音量渐变与过渡方法 ● 概述使用素材关键帧调节音量渐变的方法 ● 概述使用音频过渡效果的方法 ● 简述使用两种自动模式对音频进行控制的方法 6. 录音与音效添加方法 ● 说出高质量录音的方法 ● 概述添加轨道音效的方法 7. 噪声消除方法与特效功能 ● 了解消除噪声的方法 ● 概述各项音频特效功能 8. 影片中声音与画面的结合技巧 ● 说出影片中声音的四个部分以及每个部分的处理方法 ● 概述不同声音的表现力范围 ● 概述声音与画面的结合技巧	
7. 片头片尾制作	1. 字幕设计 ● 能利用字幕设计窗口工具、设置、命令等制作精彩的静态字幕效果 ● 能制作路径文字 ● 能制作滚动、游动等动态字幕 2. 片头片尾设计 ● 能完成片头片尾设计与制作 ● 能完成旁白字幕制作 3. 片头片尾视频效果设计与制作 ● 能根据不同类型视频素材设计与制作变换、扭曲等不同的视频效果	1. 字幕窗口面板 ● 了解字幕窗口的布局 ● 概述字幕设计窗口各面板的功能 2. 字幕制作方案与运动类型 ● 说出常用字幕制作方案 ● 说出常用字幕运动类型 3. 字母特效与风格 ● 说出常用字幕特效的特点 ● 了解各种字幕风格 4. 片头片尾设计技巧 ● 概述将字幕作为图形或视频，设	8

（续表）

学习任务	技能与学习要求	知识与学习要求	参考学时
7. 片头片尾制作	4. 片头片尾视频过渡设计与制作 ● 能根据不同类型视频素材设计与制作 3D 运动等不同的视频过渡效果	计各种类型字幕动画效果的技巧 ● 概述遮罩面板和关键帧的使用技巧 5. 常用片头动画特效 ● 列举常用片头动画的内置特效	
8. 作品导出	1. 视频输出参数设置 ● 能在视频剪辑软件导出面板中设置输出格式、编码、画幅尺寸、视频质量等参数 2. 打包和备份项目文件 ● 能根据需求打包和备份项目文件 3. 图片输出 ● 能从一段序列中导出静帧图片和动态序列图片 4. 视频输出 ● 能根据发布平台的要求完成数字发布 ● 能将项目文件输出为各种不同类型的视频文件	1. 音频格式和导出方法 ● 了解常见的音视频文件格式 ● 简述导出不同格式文件的方法 2. 图像导出方法 ● 概述导出图像序列的方法 ● 简述导出单帧图片的方法 3. 视频导出方法 ● 简述导出视频的方法 ● 了解格式编码器的使用方法 4. 视频输出参数设置面板的作用 ● 列举视频剪辑软件导出面板各参数的作用	4
总学时			108

五、 实施建议

（一）教材编写与选用建议

1. 应依据本课程标准编写教材或选用教材,从国家和市级教育行政部门发布的教材目录中选用教材,优先选用国家和市级规划教材。

2. 教材要充分体现育人功能,紧密结合教材内容、素材,有机融入课程思政要求,将课程思政内容与专业知识、技能有机统一。

3. 教材编写应转变以教师为中心的传统教材观,以学生的"学"为中心,遵循中职学生的学习特点与规律,以学生的思维方式设计教材结构和组织教材内容。

4. 教材编写应以"影视剪辑"工作领域的职业能力为逻辑线索,按照职业能力培养由易到难、由简单到复杂、由单一到综合的规律,确定教材各部分的目标、内容,并进行相应的任务、活动设计等,从而构建结构清晰、层次分明的教材内容体系。

5. 教材在进行整体设计和内容选取时,要注重引入行业发展的新业态、新知识、新技术、新工艺、新方法,对应相应的职业标准和岗位要求,贴近工作实际,体现先进性和实用性,创设或引入职业情境,增强教材的职场感。

6. 教材应以学生为本,增强对学生的吸引力,贴近岗位技能与知识的要求,符合学生的认知,采用生动活泼的、学生乐于接受的语言、图表等呈现内容,让学生在使用教材时有亲切感、真实感。

7. 教材应注重实践内容的可操作性,强调在操作中理解与应用理论。

(二)教学实施建议

1. 切实推进课程思政在教学中的有效落实,寓价值观引导于知识传授和能力培养中,帮助学生塑造正确的世界观、人生观、价值观。深入梳理教学内容,结合课程特点,充分挖掘课程内容中的思政元素,把思政教学与专业知识、技能教学融为一体,达到润物无声的育人效果。

2. 充分体现职业教育"实践导向、任务引领、理实一体、做学合一"的课改理念,紧密联系数字媒体技术应用行业的实际应用,以岗位的典型工作任务为载体,加强理论教学与实践教学的结合,充分利用各种实训场所与设备,以学生为教学主体,以能力为本位,以职业活动为导向,以专业技能为核心,使学生在做中学、学中做,引导学生进行实践和探索,注重培养学生的实际操作能力、分析问题和解决问题的能力。

3. 牢固树立以学生为中心的教学理念,充分尊重学生。教师应成为学生学习的组织者、指导者和同伴,遵循学生的认知特点和学习规律,围绕学生的"学"设计教学活动。

4. 改变传统的灌输式教学,充分调动学生学习的积极性、能动性,采取灵活多样的教学方式,积极探索自主学习、合作学习、探究式学习、问题导向式学习、体验式学习、混合式学习等体现教学新理念的教学方式,提高学生学习的兴趣。

5. 依托多元的现代信息技术手段,将其有效运用于教学,改进教学方法与手段,提升教学效果。

6. 注重技能训练及重点环节的教学设计,每次活动都办求使学生上一个新台阶,技能训练既有连续性又有层次性。

7. 注重培养学生良好的操作习惯,把法治意识、规范意识、安全意识、质量意识、服务意识、职业道德和敬业精神融入教学活动中,促进学生综合职业素养的养成。

(三)教学评价建议

1. 以课程标准为依据,开展基于课程标准的教学评价。

2. 以评促教、以评促学,通过课堂教学及时评价,不断改进教学手段。

3. 教学评价始终坚持德技并重的原则,构建德技融合的专业课教学评价体系,把思政和职业素养的评价内容与要求细化为具体的评价指标,有机融入专业知识与技能的评价指标体系中,形成可观察可测量的评价量表,综合评价学生学习情况。通过有效评价,在日常教学中不断促进学生良好的思想品德和职业素养的形成。

4. 注重日常教学中对学生学习的评价,充分利用多种过程性评价工具,如评价表、记录袋等,积累过程性评价数据,形成过程性评价与终结性评价相结合的评价模式。

5. 在日常教学中开展对学生学习的评价时,充分利用信息化手段,借助各类较成熟的教育评价平台,探索线上与线下相结合的评价模式,提高评价的科学性、专业性和客观性。

(四) 资源利用建议

1. 充分利用和开发常用课程资源。建议选用国家规划教材和辅助教学资料,开发适合教学使用的多媒体教学资源库和多媒体教学课件。利用幻灯片、投影、录屏、微课等营造生动形象的学习环境,激发学生的学习兴趣,促进学生对专业知识的理解和掌握。建议加强影视剪辑课程资源的开发,建立"线上 + 线下"课程资源数据库,努力实现中职学校之间的课程资源共享。

2. 积极利用和开发网络课程资源。引导学生挖掘丰富的在线资源,自主学习与数字媒体技术应用相关的指导视频。充分利用电子书籍、电子期刊、数字图书馆、教育网站和电子论坛等,使教学媒体从单一媒体向多媒体转变,使教学活动从信息的单向传递向双向交换转变,使学生从单独学习向合作学习转变。

3. 通过产学合作开发本专业课程实训资源。加强与数字媒体技术应用领域的公司合作,建立实习实训基地,满足学生的实习实训需求,并在此过程中进行影视剪辑课程实训资源的开发。

三维动画制作技术课程标准

| 课程名称

三维动画制作技术

| 适用专业

中等职业学校数字媒体技术应用专业

一、 课程性质

本课程是中等职业学校数字媒体技术应用专业动画制作方向的一门专业技能课程,也是该专业的一门限定选修课程。其功能是使学生理解三维动画制作技术的基本理论知识,掌握三维动画制作的基本技能,具备从事三维动画师岗位所需的职业能力。本课程是实用美术基础、三维设计与制作等课程的后续课程,为学生学习其他专业课程奠定基础。

二、 设计思路

本课程的总体设计思路是:遵循任务引领、理实一体的原则,根据数字媒体技术应用专业职业岗位的工作任务与职业能力分析结果,以"三维动画制作与输出"工作领域的相关工作任务与职业能力为依据而设置。

课程内容紧紧围绕三维动画师应具备的职业能力要求,选取了角色动画制作、非角色动画制作、摄像机镜头动画制作等内容,遵循适度够用的原则,确定相关理论知识、专业技能与要求,并融入"1+X"数字创意建模职业技能等级证书(初级)和"1+X"虚拟现实应用设计与制作职业技能等级证书(初级)的相关考核要求。

课程内容组织按照职业能力发展规律和学生认知规律,以角色展示动画和动画短片制作的典型工作任务为逻辑主线,由易到难,循序渐进,包括动画脚本与分镜制作、动画模型绑定、角色动画制作、非角色动画制作、摄像机镜头动画制作、动画视频特效与输出6个学习任务。以任务为引领,通过任务整合相关知识、技能与职业素养,充分体现任务引领型课程的特点。

本课程建议学时数为108学时。

三、 课程目标

通过本课程的学习,学生具备从事三维动画师岗位所必需的动画知识和职业技能,能完成角色展示动画与动画短片制作,达到熟练表达动画大意、绘制动画脚本、制作角色与非角色动画、运用摄像机表达动画镜头、添加符合动画创意的特效并正确输出各种动画格式的相关考核要求,具体达成以下职业素养和职业能力目标。

(一) 职业素养目标

- 养成认真负责、严谨细致、刻苦钻研、精益求精的职业态度。
- 养成良好的团队合作意识,服从团队分工,乐于倾听他人的意见和建议。
- 具有较强的责任心,尽职尽责,敢于担当,不推诿。
- 热爱本专业,坚定职业理想与信念,不断关注行业相关的新技术、新动态。
- 具备良好的产品意识,遵守职业道德规范。

(二) 职业能力目标

- 能准确理解三维动画创意。
- 能较好地描述与撰写动画脚本。
- 能绘制表达动画效果的分镜。
- 能熟练制作人物角色的走、跑、跳等动作动画。
- 能熟练制作人物角色与配件的互动动画。
- 能熟练运用变形器制作变形动画。
- 能熟练制作人物角色的眉毛、眼睛、嘴巴等表情动画。
- 能熟练制作表现人物情绪的表情动画。
- 能制作各种符合动画需要的道具动画。
- 能熟练制作符合角色身份的人物展示动画。
- 能熟练运用摄像机制作各种运动镜头动画。
- 能根据动画需要添加动画特效。
- 能输出符合要求的三维动画视频。
- 能培养良好的三维动画制作和文档整理习惯。

四、 课程内容与要求

学习任务	技能与学习要求	知识与学习要求	参考学时
1. 动画脚本与分镜制作	1. 撰写动画脚本 ● 能正确理解动画大意 ● 能熟练撰写动画脚本 2. 绘制主要动画分镜 ● 能熟练拆解动画镜头 ● 能描述主要分镜的动画内容 ● 能分配各镜头动画时长	1. 动画脚本 ● 了解动画各对象的关系 ● 概述主要动画对象的动画效果 2. 动画分镜 ● 简述分镜数量、动画对象类型 ● 列举主要分镜的动画内容 ● 概述动画分镜分配时长的依据	8

（续表）

学习任务	技能与学习要求	知识与学习要求	参考学时
2. 动画模型绑定	1. 链接卡通角色 ● 能使用链接工具链接卡通角色的各部分模型 ● 能根据动画需要改变角色各部分的轴心位置 2. 绑定人物角色模型 ● 能根据人物结构建立骨骼模型 ● 能将人物模型绑定到骨骼模型上 3. 建立人物角色表情模型 ● 能制作并建立嘴巴变化的多个不同结构 ● 能制作并建立眼睛变化的多个不同结构	1. 链接与模型轴心 ● 简述卡通角色各部位的链接过程 ● 归纳改变模型轴心点位置的方法 2. 骨骼系统与蒙皮技术 ● 概述骨骼系统的建立过程和调整方法 ● 描述角色蒙皮的方法和要点 3. 可编辑多边形与变形修改器 ● 简述可编辑多边形子对象的调节方法 ● 简述变形修改器的使用原理	14
3. 角色动画制作	1. 制作卡通角色动画 ● 能制作卡通角色的走、跑、跳等动作动画 ● 能制作卡通角色的表情动画 2. 制作人物角色动画 ● 能制作人物角色的四肢协调动画 ● 能制作人物角色的眉毛、眼睛、嘴巴等表情动画 ● 能制作人物角色与配件的互动动画	1. 自动关键帧动画、帧速率 ● 概述变换工具制作动画的方法 ● 概述动画范围、速率调节方法 2. 骨骼动画与链接约束 ● 概述人物骨骼走、跑、跳动作的制作方法 ● 简述人物表情动画的制作方法 ● 阐述创建链接约束的过程 ● 举例说明人物角色与配件的互动动画	38
4. 非角色动画制作	1. 制作场景中的道具动画 ● 能根据动画设定要求制作符合要求的道具动画 ● 能根据动画设定要求制作道具材质动画 ● 能根据动画设定要求制作道具光影变化动画 2. 制作文字动画 ● 能根据动画设定要求制作各种片头文字动画效果 ● 能根据动画设定要求制作各种片尾文字动画效果 3. 制作粒子系统动画 ● 能根据动画设定要求制作粒子系统动画 ● 能根据动画设定要求模拟群体性动画效果	1. 帧动画与光影材质 ● 概述帧动画的制作方法 ● 简述道具基本材质动画的制作过程 ● 列举灯光主要参数的动画效果 2. 文字动画 ● 概述文字动画的复制与修改方法 ● 列举几种片头文字动画效果 ● 列举几种片尾文字动画效果 3. 粒子系统 ● 概述飘雪、流水、升烟等粒子动画的制作流程 ● 概述蜂群、无人机群、飞箭等粒子动画的模拟过程	24

（续表）

学习任务	技能与学习要求	知识与学习要求	参考学时
5. 摄像机镜头动画制作	1. 制作角色多角度展示动画 ● 能正确创建摄像机并调整摄像机构图 ● 能创建各种摄像机运动镜头动画 ● 能根据角色特点制作展示动画 2. 使用摄像机镜头语言 ● 能熟练运用镜头语言表达动画发展过程 ● 能制作镜头的过渡动画 ● 能制作一段蒙太奇镜头的三维动画片段	1. 摄像机与运动镜头 ● 概述摄像机制作动画的过程 ● 阐述摄像机的各种运动镜头效果 ● 列举摄像机展示动画 2. 镜头语言与蒙太奇 ● 概述摄像机镜头语言如何反映动画过程 ● 说出镜头的几种过渡动画效果 ● 列举蒙太奇镜头在动画制作过程中的运用实例	16
6. 动画视频特效与输出	1. 输出动画序列文件 ● 能根据动画要求设置各种输出格式 ● 能根据动画要求正确输出动画序列文件 ● 能对动画进行修改并输出特定的动画序列 2. 添加视频特效 ● 能将动画序列文件导入合成软件 ● 能根据动画需要给动画添加视频特效 ● 能导出符合要求的动画视频文件	1. 文件输出与序列文件 ● 简述动画文件的输出设置过程 ● 概述动画序列文件的输出与局部修改方法 2. 合成软件与视频特效 ● 简述将动画序列文件导入合成软件的流程 ● 概述添加视频特效的方法 ● 说出动画视频文件的导出流程	8
总学时			108

五、 实施建议

（一）教材编写与选用建议

1. 应依据本课程标准编写教材或选用教材，从国家和市级教育行政部门发布的教材目录中选用教材，优先选用国家和市级规划教材。

2. 教材要充分体现育人功能，紧密结合教材内容、素材，有机融入课程思政要求，将课程思政内容与专业知识、技能有机统一。

3. 教材编写应转变以教师为中心的传统教材观，以学生的"学"为中心，遵循中职学生的学习特点与规律，以学生的思维方式设计教材结构和组织教材内容。

4. 教材编写应以"三维动画制作与输出"工作领域的职业能力为逻辑线索，按照职业能力培养由易到难、由简单到复杂、由单一到综合的规律，确定教材各部分的目标、内容，并进行相应的任务、活动设计等,从而构建结构清晰、层次分明的教材内容体系。

5. 教材在进行整体设计和内容选取时,要注重引入行业发展的新业态、新知识、新技术、新工艺、新方法,对应相应的职业标准和岗位要求,贴近工作实际,体现先进性和实用性,创设或引入职业情境,增强教材的职场感。

6. 教材应以学生为本,增强对学生的吸引力,贴近岗位技能与知识的要求,符合学生的认知,采用生动活泼的、学生乐于接受的语言、图表等呈现内容,让学生在使用教材时有亲切感、真实感。

7. 教材应注重实践内容的可操作性,强调在操作中理解与应用理论。

(二)教学实施建议

1. 切实推进课程思政在教学中的有效落实,寓价值观引导于知识传授和能力培养中,帮助学生塑造正确的世界观、人生观、价值观。深入梳理教学内容,结合课程特点,充分挖掘课程内容中的思政元素,把思政教学与专业知识、技能教学融为一体,达到润物无声的育人效果。

2. 充分体现职业教育"实践导向、任务引领、理实一体、做学合一"的课改理念,紧密联系数字媒体技术应用行业的实际应用,以岗位的典型工作任务为载体,加强理论教学与实践教学的结合,充分利用各种实训场所与设备,以学生为教学主体,以能力为本位,以职业活动为导向,以专业技能为核心,使学生在做中学、学中做,引导学生进行实践和探索,注重培养学生的实际操作能力、分析问题和解决问题的能力。

3. 牢固树立以学生为中心的教学理念,充分尊重学生。教师应成为学生学习的组织者、指导者和同伴,遵循学生的认知特点和学习规律,围绕学生的"学"设计教学活动。

4. 改变传统的灌输式教学,充分调动学生学习的积极性、能动性,采取灵活多样的教学方式,积极探索自主学习、合作学习、探究式学习、问题导向式学习、体验式学习、混合式学习等体现教学新理念的教学方式,提高学生学习的兴趣。

5. 依托多元的现代信息技术手段,将其有效运用于教学,改进教学方法与手段,提升教学效果。

6. 注重技能训练及重点环节的教学设计,每次活动都办求使学生上一个新台阶,技能训练既有连续性又有层次性。

7. 注重培养学生良好的操作习惯,把法治意识、规范意识、安全意识、质量意识、服务意识、职业道德和敬业精神融入教学活动中,促进学生综合职业素养的养成。

(三)教学评价建议

1. 以课程标准为依据,开展基于课程标准的教学评价。

2. 以评促教、以评促学,通过课堂教学及时评价,不断改进教学手段。

3. 教学评价始终坚持德技并重的原则,构建德技融合的专业课教学评价体系,把思政和职业素养的评价内容与要求细化为具体的评价指标,有机融入专业知识与技能的评价指标体系中,形成可观察可测量的评价量表,综合评价学生学习情况。通过有效评价,在日常教学中不断促进学生良好的思想品德和职业素养的形成。

4. 注重日常教学中对学生学习的评价,充分利用多种过程性评价工具,如评价表、记录袋等,积累过程性评价数据,形成过程性评价与终结性评价相结合的评价模式。

5. 在日常教学中开展对学生学习的评价时,充分利用信息化手段,借助各类较成熟的教育评价平台,探索线上与线下相结合的评价模式,提高评价的科学性、专业性和客观性。

(四) 资源利用建议

1. 充分利用和开发常用课程资源。建议选用国家规划教材和辅助教学资料,开发适合教学使用的多媒体教学资源库和多媒体教学课件。利用幻灯片、投影、录屏、微课等营造生动形象的学习环境,激发学生的学习兴趣,促进学生对专业知识的理解和掌握。建议加强三维动画制作技术课程资源的开发,建立"线上 + 线下"课程资源数据库,努力实现中职学校之间的课程资源共享。

2. 积极利用和开发网络课程资源。引导学生挖掘丰富的在线资源,自主学习与数字媒体技术应用相关的指导视频。充分利用电子书籍、电子期刊、数字图书馆、教育网站和电子论坛等,使教学媒体从单一媒体向多媒体转变,使教学活动从信息的单向传递向双向交换转变,使学生从单独学习向合作学习转变。

3. 通过产学合作开发本专业课程实训资源。加强与数字媒体技术应用领域的公司合作,建立实习实训基地,满足学生的实习实训需求,并在此过程中进行三维动画制作技术课程实训资源的开发。

数字创意建模课程标准

▌课程名称

数字创意建模

▌适用专业

中等职业学校数字媒体技术应用专业

一、 课程性质

本课程是中等职业学校数字媒体技术应用专业动画制作方向的一门专业技能课程,也是该专业的一门限定选修课程。其功能是使学生掌握三维数字模型制作的基本理论知识和创作技巧,具备数字创意建模的职业能力,能满足数字创意建模岗位的职业技能要求。本课程是三维设计与制作的后续课程,为学生后续学习三维动画制作和综合实训课程奠定基础。

二、 设计思路

本课程的总体设计思路是:遵循任务引领、理实一体的原则,根据数字媒体技术应用专业职业岗位的工作任务与职业能力分析结果,以"数字创意建模"工作领域的相关工作任务与职业能力为依据而设置。

课程内容紧紧围绕数字创意建模从业人员应具备的职业能力要求,选取了游戏道具制作、三维场景制作、游戏角色制作、工业产品制作、材质与灯光设置、渲染输出等内容,遵循适度够用的原则,确定相关理论知识、专业技能与要求,并融入"1+X"数字创意建模职业技能等级证书(初级)的相关考核要求。

课程内容组织按照职业能力发展规律和学生认知规律,以数字创意建模的典型工作任务为逻辑主线,由易到难,循序渐进,包括三维软件的基本操作、游戏道具制作、三维场景制作、游戏角色制作、工业产品制作、材质与灯光设置、渲染输出 7 个学习任务。以任务为引领,通过任务整合相关知识、技能与职业素养,充分体现任务引领型课程的特点。

本课程建议学时数为 108 学时。

三、 课程目标

通过本课程的学习,学生能了解三维模型制作的常规流程,掌握常用的多边形建模、模型布线调整、UV 拆分、材质制作和灯光渲染的方法及技巧,能制作道具、场景、角色、工业产品等模型,达到数字创意建模岗位的相关考核要求,具体达成以下职业素养和职业能力目标。

(一) 职业素养目标

● 养成良好的职业道德、信息安全意识、服务意识。

● 养成认真负责、严谨细致、刻苦钻研、精益求精的职业态度。

● 养成规范管理数字资产的习惯,具备良好的数字创意建模能力、成本意识。

● 热爱本专业,坚定职业理想与信念,不断关注行业相关的新技术、新动态。

● 具有自主学习和迁移创新能力,并在学习过程中培养良好的团队合作意识,服从团队分工,乐于倾听他人的意见和建议。

(二) 职业能力目标

● 能根据原画设计和三视图制作道具、场景、角色、工业产品模型。

● 能根据道具特点对模型结构进行修改。

● 能合理安排道具模型布线,突出道具特点。

● 能根据场景设定进行灯光设置。

● 能根据角色设计绘制三视图。

● 能合理安排角色模型布线,突出角色特点。

● 能理解道具、场景、角色结构,完成贴图绘制。

● 能对道具、场景、角色、工业产品模型进行正确的 UV 拆分。

● 能根据平面设计图制作工业产品模型。

● 能根据产品需求设置合适的多边形数量和贴图大小。

● 能根据产品特性完成材质设置。

● 能合理设置灯光,突出工业产品质感。

四、 课程内容与要求

学习任务	技能与学习要求	知识与学习要求	参考学时
1. 三维软件的基本操作	1. 三维软件的基本设置 ● 能根据自己的需求调整用户界面 ● 能根据自己的习惯设置快捷键 2. 二维曲线绘制 ● 能熟练使用二维画线功能创建曲线 ● 能按照要求对曲线进行编辑和调整	1. 使用三维软件自定义用户界面的方法 ● 说出调整用户界面的方法 ● 说出设置快捷键的方法 ● 简述画线工具的使用方法 ● 记住创建画线工具的方法	10

（续表）

学习任务	技能与学习要求	知识与学习要求	参考学时
1. 三维软件的基本操作	3. 多边形建模 ● 能按照要求熟练操作多边形建模工具 ● 能按照要求对模型进行点、线、面层级的编辑 ● 能按照要求对模型布线进行调整	● 举例说明调整曲线的几种方法 2. 编辑多边形工具的使用方法 ● 简述编辑多边形各种命令的功能 ● 识记多边形建模工具的使用方法 ● 记住点、线、面层级的概念和操作方法	
2. 游戏道具制作	1. 道具模型制作 ● 能根据原画设计和三视图制作道具模型 ● 能掌握制作道具模型的常用建模方法 ● 能根据道具特点对模型结构进行修改 ● 能合理安排道具模型布线，突出道具特点 2. 道具模型检查 ● 能检查道具模型中的错面、破面等问题 ● 能按照要求调整道具模型中的错面、破面等问题 3. 道具模型表面 UV 投射 ● 能根据道具造型特点选择合适的 UV 投射方式 ● 能对道具模型表面进行 UV 投射 ● 能检查模型 UV 投射结果 4. 道具模型 UV 拆分 ● 能使用工具对道具模型进行正确的 UV 拆分 5. 道具模型 UV 展开和排列 ● 能合理展开道具模型的 UV ● 能检查道具模型 UV 的展开结果 ● 能按照要求对道具模型的 UV 进行排列 ● 能准确设置道具模型的 UV 导出参数	1. 道具模型的制作方法 ● 分析并理解道具制作的具体要求 ● 举例说明道具模型常用的几种建模方法 ● 简述合理安排道具模型布线的重要性 2. 道具模型的检查方法 ● 分析道具模型破面、错面等问题产生的原因 ● 记住调整破面、错面等问题的方法 3. 道具模型 UV 投射的方法与标准 ● 辨别不同类型道具 UV 投射方式的优势和不足 ● 记住道具模型 UV 投射的方法与标准 4. 道具模型 UV 拆分的方法 ● 记住道具模型 UV 拆分的方法 ● 简述进行正确的 UV 拆分的重要性 5. 道具模型 UV 展开和排列的方法 ● 说出道具模型 UV 展开的方法 ● 说出道具模型 UV 排列的方法	20

（续表）

学习任务	技能与学习要求	知识与学习要求	参考学时
3. 三维场景制作	1. 三维卡通场景布局设计 ● 能收集卡通风格室内、室外场景的参考布局 ● 能设计室内、室外卡通场景中的各类建筑 ● 能设计室内、室外卡通场景布局 2. 三维卡通场景模型制作 ● 能按照要求制作三维卡通室内、室外场景低模 ● 能按照要求制作卡通场景细节 3. 三维写实场景布局设计 ● 能收集写实风格室内、室外场景的参考布局 ● 能设计室内、室外写实场景中的各类建筑 ● 能设计室内、室外写实场景布局 4. 室内三维写实场景制作 ● 能制作室内三维写实场景的主体框架 ● 能制作室内三维写实场景的家具模型 5. 室外三维写实场景制作 ● 能按照要求制作室外三维写实场景的主体框架 ● 能按照要求制作室外三维写实场景细节 ● 能根据场景的特点正确选择合适的建模方法	1. 三维卡通场景的布局方法 ● 归纳三维卡通场景的素材收集渠道 ● 说出不同种类建筑的特点 ● 记住三维卡通场景的布局方法 2. 三维卡通场景的制作方法 ● 记住三维卡通场景模型布线的方法 ● 记住室内、室外卡通场景细节刻画的方法 3. 三维写实场景的布局方法 ● 说出室内外三维写实场景的素材收集渠道 ● 归纳不同地域建筑、家具的特点 ● 记住三维写实场景的布局方法 4. 室内三维写实场景的制作方法 ● 记住室内三维写实场景的建模思路 ● 记住室内三维写实场景细节刻画的方法 5. 室外三维写实场景的制作方法 ● 记住室外三维写实场景主体框架的制作流程 ● 举例说明室外三维写实场景细节刻画的注意事项 ● 举例说明不同建模方法的优缺点	20
4. 游戏角色制作	1. 角色模型制作 ● 能根据原画设计和三视图制作卡通角色模型 ● 能根据角色特点选择合适的建模方法 ● 能对卡通角色模型进行合理布线 2. 角色模型检查 ● 能检查角色模型中的错面、破面等问题 ● 能按照要求调整角色模型中的错面、破面等问题	1. 角色模型 ● 举例说明不同角色骨骼结构的异同 ● 说出不同卡通角色肌肉的特点 2. 卡通角色模型 ● 记住卡通角色模型布线的方法 ● 说出合理控制模型面数的必要性 3. 角色模型的检查方法 ● 分析角色模型破面、错面等问题产生的原因	20

（续表）

学习任务	技能与学习要求	知识与学习要求	参考学时
4. 游戏角色制作	3. 角色模型表面 UV 投射 ● 能根据角色造型特点选择合适的 UV 投射方式 ● 能对角色模型表面进行 UV 投射 ● 能检查模型 UV 投射结果 4. 角色模型 UV 拆分 ● 能使用工具对角色模型进行正确的 UV 拆分 5. 角色模型 UV 展开和排列 ● 能合理展开角色模型的 UV ● 能检查角色模型 UV 的展开结果 ● 能按照要求对角色模型的 UV 进行排列 ● 能准确设置角色模型的 UV 导出参数	● 记住调整破面、错面等问题的方法 4. 角色模型 UV 投射的方法与标准 ● 辨别不同类型角色 UV 投射方式的优势和不足 ● 记住角色模型 UV 投射的方法与标准 5. 角色模型 UV 拆分的方法 ● 记住角色模型 UV 拆分的方法 ● 简述进行正确的 UV 拆分的重要性 6. 角色模型 UV 展开的方法与标准 ● 说出角色模型 UV 展开的方法 ● 说出角色模型 UV 展开的标准 7. 角色模型 UV 排列的方法和导出流程 ● 记住角色模型 UV 排列的方法 ● 记住角色模型 UV 的导出流程	
5. 工业产品制作	1. 工业产品制作 ● 能根据平面设计图制作工业产品模型 ● 能根据需求导入参考的平面设计图 ● 能根据需求更改软件的界面颜色 ● 能根据平面设计图合理选择建模方法 ● 能根据产品需求设置合适的多边形数量和贴图大小 ● 能根据产品需求合理控制多边形面数 ● 能对工业产品进行合理布线 ● 能按照要求合理设置贴图的大小 ● 能根据不同工业产品特性设置合适的材质 ● 能合理设置灯光，突出工业产品质感	1. 工业产品的建模方法 ● 说出二维设计在工业产品生产流程中的作用 ● 说出自定义用户界面的设置方法 ● 记住冻结、捕捉等工具的设置方法 2. 工业产品的建模要求与方法 ● 说出工业产品如何控制多边形面数 ● 记住工业产品布线的要求 3. 工业产品材质的设置方法 ● 记住金属、塑料等材质的工业产品的设置方法 ● 说出突出工业产品质感的方法	20

（续表）

学习任务	技能与学习要求	知识与学习要求	参考学时
6. 材质与灯光设置	1. 材质编辑器使用 ● 能按照要求进行材质球创建 ● 能按照要求熟练使用材质编辑器进行基本材质设置 2. 贴图绘制与处理 ● 能使用图像处理软件处理相关贴图素材 ● 能按照要求使用绘图工具绘制贴图 ● 能按照要求设置贴图的尺寸和数量 3. UVW 展开 ● 能使用 UVW 展开修改器快速展开 UV ● 能根据模型特性进行正确的 UV 拆分 4. 材质与贴图设置 ● 能根据模型特性完成贴图设置 ● 能根据模型特性设置材质,逼真地呈现物体的质感 ● 能熟练呈现场景中的各种材质效果 ● 能积累一些材质库,并根据需求对相关材质进行调整 ● 能使用常见的渲染器 5. 灯光系统创建 ● 能按照要求创建灯光 ● 能根据需求进行灯光参数调整 ● 能根据场景设定合理布置灯光 ● 能按照布光技巧呈现场景的明暗分布和层次性	1. 材质创建的相关知识 ● 简述材质编辑器各工具的作用 ● 识记材质球的创建方法和流程 ● 记住材质球赋予对象的方法 2. 贴图 ● 识记贴图素材的处理方法 ● 识记绘图工具的使用方法 ● 简述贴图的尺寸和数量限制的必要性 3. UVW 展开的使用方法 ● 说出 UVW 展开修改器各命令的含义 ● 识记 UVW 展开修改器的使用方法 4. 材质的种类与设置方法 ● 概述常见贴图的种类和特点 ● 识记材质的使用和调整方法 5. 材质呈现与获取途径 ● 识记各种常见材质效果的呈现方法 ● 简述获取和保存常见材质的途径 6. 渲染引擎 ● 举例说明常见的渲染引擎 7. 灯光的种类与创建方法 ● 举例说明常见灯光的种类 ● 识记灯光的创建方法 8. 灯光的参数和特点 ● 概述灯光各参数的含义 ● 说出环境光、点光、聚光灯等光源的特点	10

（续表）

学习任务	技能与学习要求	知识与学习要求	参考学时
7. 渲染输出	1. 渲染器设置 ● 能根据需求安装渲染器 ● 能根据需求设计渲染方案 ● 能根据不同的画面效果选择合适的渲染器以表现模型与贴图质量 ● 能按照要求设置渲染器参数 ● 能按照要求输出渲染画面	1. 渲染器的种类和特点 ● 举例说明主流渲染器的种类 ● 概述主流渲染器的特点 2. 渲染器的安装和参数设置方法 ● 简述主流渲染器的安装方法 ● 识记渲染器各参数的作用 3. 作品渲染参数的含义和输出流程 ● 简述作品渲染输出流程 ● 识记常见渲染器主要参数的含义	8
总学时			108

五、 实施建议

（一）教材编写与选用建议

1. 应依据本课程标准编写教材或选用教材，从国家和市级教育行政部门发布的教材目录中选用教材，优先选用国家和市级规划教材。

2. 教材要充分体现育人功能，紧密结合教材内容、素材，有机融入课程思政要求，将课程思政内容与专业知识、技能有机统一。

3. 教材编写应转变以教师为中心的传统教材观，以学生的"学"为中心，遵循中职学生的学习特点与规律，以学生的思维方式设计教材结构和组织教材内容。

4. 教材编写应以"数字创意建模"工作领域的职业能力为逻辑线索，按照职业能力培养由易到难、由简单到复杂、由单一到综合的规律，确定教材各部分的目标、内容，并进行相应的任务、活动设计等，从而构建结构清晰、层次分明的教材内容体系。

5. 教材在进行整体设计和内容选取时，要注重引入行业发展的新业态、新知识、新技术、新工艺、新方法，对应相应的职业标准和岗位要求，贴近工作实际，体现先进性和实用性，创设或引入职业情境，增强教材的职场感。

6. 教材应以学生为本，增强对学生的吸引力，贴近岗位技能与知识的要求，符合学生的认知，采用生动活泼的、学生乐于接受的语言、图表等呈现内容，让学生在使用教材时有亲切感、真实感。

7. 教材应注重实践内容的可操作性，强调在操作中理解与应用理论。

（二）教学实施建议

1. 切实推进课程思政在教学中的有效落实,寓价值观引导于知识传授和能力培养中,帮助学生塑造正确的世界观、人生观、价值观。深入梳理教学内容,结合课程特点,充分挖掘课程内容中的思政元素,把思政教学与专业知识、技能教学融为一体,达到润物无声的育人效果。

2. 充分体现职业教育"实践导向、任务引领、理实一体、做学合一"的课改理念,紧密联系数字媒体技术应用行业的实际应用,以岗位的典型工作任务为载体,加强理论教学与实践教学的结合,充分利用各种实训场所与设备,以学生为教学主体,以能力为本位,以职业活动为导向,以专业技能为核心,使学生在做中学、学中做,引导学生进行实践和探索,注重培养学生的实际操作能力、分析问题和解决问题的能力。

3. 牢固树立以学生为中心的教学理念,充分尊重学生。教师应成为学生学习的组织者、指导者和同伴,遵循学生的认知特点和学习规律,围绕学生的"学"设计教学活动。

4. 改变传统的灌输式教学,充分调动学生学习的积极性、能动性,采取灵活多样的教学方式,积极探索自主学习、合作学习、探究式学习、问题导向式学习、体验式学习、混合式学习等体现教学新理念的教学方式,提高学生学习的兴趣。

5. 依托多元的现代信息技术手段,将其有效运用于教学,改进教学方法与手段,提升教学效果。

6. 注重技能训练及重点环节的教学设计,每次活动都办求使学生上一个新台阶,技能训练既有连续性又有层次性。

7. 注重培养学生良好的操作习惯,把法治意识、规范意识、安全意识、质量意识、服务意识、职业道德和敬业精神融入教学活动中,促进学生综合职业素养的养成。

（三）教学评价建议

1. 以课程标准为依据,开展基于课程标准的教学评价。

2. 以评促教、以评促学,通过课堂教学及时评价,不断改进教学手段。

3. 教学评价始终坚持德技并重的原则,构建德技融合的专业课教学评价体系,把思政和职业素养的评价内容与要求细化为具体的评价指标,有机融入专业知识与技能的评价指标体系中,形成可观察可测量的评价量表,综合评价学生学习情况。通过有效评价,在日常教学中不断促进学生良好的思想品德和职业素养的形成。

4. 注重日常教学中对学生学习的评价,充分利用多种过程性评价工具,如评价表、记录袋等,积累过程性评价数据,形成过程性评价与终结性评价相结合的评价模式。

5. 在日常教学中开展对学生学习的评价时,充分利用信息化手段,借助各类较成熟的教育评价平台,探索线上与线下相结合的评价模式,提高评价的科学性、专业性和客观性。

(四) 资源利用建议

1. 充分利用和开发常用课程资源。建议选用国家规划教材和辅助教学资料,开发适合教学使用的多媒体教学资源库和多媒体教学课件。利用幻灯片、投影、录屏、微课等营造生动形象的学习环境,激发学生的学习兴趣,促进学生对专业知识的理解和掌握。建议加强数字创意建模课程资源的开发,建立"线上+线下"课程资源数据库,努力实现中职学校之间的课程资源共享。

2. 积极利用和开发网络课程资源。引导学生挖掘丰富的在线资源,自主学习与数字媒体技术应用相关的指导视频。充分利用电子书籍、电子期刊、数字图书馆、教育网站和电子论坛等,使教学媒体从单一媒体向多媒体转变,使教学活动从信息的单向传递向双向交换转变,使学生从单独学习向合作学习转变。

3. 通过产学合作开发本专业课程实训资源。加强与数字媒体技术应用领域的企业合作,建立实习实训基地,满足学生的实习实训需求,并在此过程中进行数字创意建模课程实训资源的开发。

4. 建立三维动画制作实训室,使之能实现数字创意建模相关岗位实训,同时满足"1+X"职业技能等级证书的相关考核要求,将教学与培训合一、教学与实训合一,以培养学生的数字创意建模能力。

数字音频处理课程标准

课程名称

数字音频处理

适用专业

中等职业学校数字媒体技术应用专业

一、 课程性质

本课程是中等职业学校数字媒体技术应用专业数字影音处理方向的一门专业技能课程,也是该专业的一门限定选修课程。其功能是使学生掌握数字音频处理的基础知识和基本技能,具备数字音频处理的职业能力,能满足数字音频处理岗位的职业技能要求。本课程是影视剪辑课程的先导课程,为学生后续学习其他专业课程奠定基础。

二、 设计思路

本课程的总体设计思路是:遵循任务引领、理实一体的原则,根据数字媒体技术应用专业职业岗位的工作任务与职业能力分析结果,以"数字音频处理"工作领域的相关工作任务与职业能力为依据而设置。

课程内容紧紧围绕数字音频处理从业人员应具备的职业能力要求,选取了数字音频系统组建,音乐修饰,人声及室内外音效录制,音频降噪与修正,数字音频合成、编辑与发布,数字音视频合成、编辑与发布等内容,遵循适度够用的原则,确定相关理论知识、专业技能与要求,并融入"1＋X"数字影像处理职业技能等级证书(初级)的相关考核要求。

课程内容组织按照职业能力发展规律和学生认知规律,以数字音频处理的典型工作任务为逻辑主线,由易到难,循序渐进,包括数字音频系统组建,音乐修饰,人声录制,室内外音效录制,录制音频降噪与修正,数字音频合成、编辑与发布,数字音视频合成、编辑与发布7个学习任务。以任务为引领,通过任务整合相关知识、技能与职业素养,充分体现任务引领型课程的特点。

本课程建议学时数为72学时。

三、 课程目标

通过本课程的学习,学生具备数字音频处理的基础知识,掌握数字音频处理的基本技能,能录制、编辑、合成和发布数字音频,达到数字音频处理岗位的相关考核要求,具体达成以下职业素养和职业能力目标。

(一)职业素养目标

- 养成良好的职业道德、版权意识、服务意识。
- 养成认真负责、严谨细致、刻苦钻研、精益求精的职业态度。
- 养成良好的团队合作意识,服从团队分工,乐于倾听他人的意见和建议。
- 热爱本专业,坚定职业理想与信念,不断关注行业相关的新技术、新动态。

(二)职业能力目标

- 能正确选择和使用信号线连接模拟和数字音频设备。
- 能按照行业规范操作数字音频系统。
- 能正确选择和使用人声录音器材。
- 能录制多媒体人声节目。
- 能对人声配音进行音色修正处理。
- 能选择和使用合适的传声器进行室内外环境声拾音。
- 能在室内外录制多媒体音效。
- 能正确使用便携式录音设备。
- 能使用音频软件的降噪功能提高录音质量。
- 能根据行业标准对录音进行艺术加工。
- 能选择和使用合适的音频软件进行多轨音频合成与编辑。
- 能正确发布音频合成作品。

四、 课程内容与要求

学习任务	技能与学习要求	知识与学习要求	参考学时
1. 数字音频系统组建	1. 选择录音设备 ● 能根据需求选取合适的录音设备 2. 安装录音软件 ● 能安装 Adobe Audition 软件 ● 能解决安装过程中出现的问题 3. 录制准备 ● 能正确选择和使用人声录音器材	1. 数字音频的概念 ● 概述音频数字化的概念 ● 说出影响数字音频质量的三个因素 2. 数字音频的格式 ● 列举数字音频的一般格式 ● 列举数字音频的流媒体格式 ● 概述声音的分类 ● 说出按频率、内容、存储形式分类的数字音频名称	8

（续表）

学习任务	技能与学习要求	知识与学习要求	参考学时
1. 数字音频系统组建	● 能检查录音前的硬件设备 ● 能连接录音硬件设备 4. 连接模拟和数字音频设备 ● 能根据需求正确选择和使用信号线 ● 能使用信号线连接模拟和数字音频设备 5. 创建音轨 ● 能创建单轨或多轨音频 ● 能根据应用需求设置音频参数 6. 编辑单轨音频 ● 能在单轨界面中选取、复制、剪切、粘贴、删除、裁切音频 7. 编辑多轨音频 ● 能在多轨界面中选择波形和移动音频块 ● 能在多轨界面中插入、删除波形 8. 操作数字音频系统 ● 能按照行业规范操作数字音频系统	3. 声音的物理特性 ● 概述声音的四种物理特性 ● 概述声音的三种心理特性 ● 举例说明声音录制的设备名称 ● 举例说明声音重现的设备名称 4. 模拟设备 ● 说出模拟设备的名称 ● 简述模拟设备的作用 5. 数字音频设备 ● 说出数字音频设备的名称 ● 简述数字音频设备的作用 6. 连接模拟和数字音频设备的基本操作步骤 ● 简述连接模拟和数字音频设备的基本操作步骤 7. 单轨、多轨音频的创建与编辑方法 ● 说出单轨、多轨音频的特点 ● 识记单轨、多轨音频的创建与编辑方法	
2. 音乐修饰	1. 设置音频延迟与回声效果 ● 能使用模拟延迟效果设置音频的特殊延时效果 ● 能使用延迟效果设置音频的普通延时效果 ● 能使用回声效果设置音频的回声效果 2. 设置滤波器与均衡器 ● 能使用滤波器消除特定的频率波形 ● 能使用均衡器修饰、弥补音频的频率 3. 设置消音器 ● 能使用消音器消除音乐中的人声 4. 设置音频混响效果 ● 能根据需求选用合适的混响效果以调整音频混响	1. 音频延迟与回声效果 ● 简述音频模拟延迟效果的基本操作流程 ● 说出音频延迟与回声效果的特点 2. 滤波器与均衡器 ● 说出滤波器的名称、特点及作用 ● 说出均衡器的名称、特点及作用 3. 消音器 ● 说出消音器的名称、特点及作用 ● 简述音频消音的基本操作流程 4. 混响 ● 说出混响的名称、特点及作用 ● 简述音频混响的基本操作流程	10

（续表）

学习任务	技能与学习要求	知识与学习要求	参考学时
3. 人声录制	1. 设置录音选项 ● 能根据需求正确设置录音选项 2. 录制人声 ● 能使用话筒录制声音 ● 能使用音频线录制外接设备的声音 3. 设置波形音量 ● 能调整波形振幅以符合预期效果 ● 能淡化波形 ● 能设置波形的音量标准化 4. 设置滤波器 ● 能使用滤波器调整音频中的瑕疵	1. 人声录制的基本操作流程 ● 简述人声录制的基本操作流程 ● 简述录音选项各参数的含义 2. 录音前的硬件准备 ● 说出录音硬件设备的名称 ● 说出录音硬件设备的连接顺序 3. 波形音量的调整方法 ● 说出波形音量的单位 ● 说出淡化波形的方法 4. 常见滤波器的特点和使用方法 ● 说出常见滤波器的特点和使用方法 ● 举例说明人声滤波器的特点和使用方法	10
4. 室内外音效录制	1. 正确使用传声器 ● 能选择和使用合适的传声器进行室内外环境声拾音 ● 能在室内外录制多媒体音效 ● 能正确使用便携式录音设备 2. 生成静音和音色信号 ● 能使用静默工具把音频设置为静音 ● 能使用基本音色生成工具生成一段基本音色 3. 设置音频的反转与反向 ● 能使用反转效果对音频进行反转处理 ● 能使用前后反向效果对音频进行反向处理	1. 传声器的分类和使用方法 ● 简述传声器的分类 ● 举例说明传声器的使用方法 2. 静音的作用和创建方法 ● 说出静音在音频创建过程中的作用 ● 说出静音的创建方法 3. 音色信号的内容和使用方法 ● 说出音色的名称 ● 举例说明音色的创建方法 4. 音频反转的作用和编辑流程 ● 说出音频反转的作用 ● 简述音频反转的编辑流程 5. 音频前后反向的作用和编辑流程 ● 说出音频前后反向的作用 ● 简述音频前后反向的编辑流程	10
5. 录制音频降噪与修正	1. 音频降噪 ● 能使用捕捉噪声样本选取一段噪声音频 ● 能使用降噪效果对音频进行降噪处理 2. 调整音频采样类型 ● 能对音频进行采样频率、声道、位深转换	1. 降噪的作用和流程 ● 说出降噪的作用 ● 简述降噪的流程 2. 改变音频采样类型的作用和方法 ● 说出改变音频采样类型的作用 ● 说出改变音频采样的方法 3. 频谱图的作用和编辑流程 ● 说出频谱图的作用	24

（续表）

学习任务	技能与学习要求	知识与学习要求	参考学时
5. 录制音频降噪与修正	● 能对音频进行采样频率调整 3. 使用频谱图编辑波形 ● 能使用频谱图编辑波形以消除噪声 4. 恢复音频 ● 能使用自动咔嗒声移除无线麦克风或旧黑胶唱片的噼啪声 ● 能使用自适应降噪效果和消除嗡嗡声效果去除背景噪声 ● 能使用自动相位校正效果抵消来自放置不当的立体声麦克风或未校准的磁带录音机的相位 5. 设置立体声声像 ● 能使用中置声道提取立体声声道 ● 能使用图示相位变化调整立体声声道 6. 设置音频的时间与变调效果 ● 能使用手动或自动校正音频效果 ● 能使用伸缩与变调调整音频效果	● 简述频谱图消除噪声的编辑流程 4. 自动咔嗒声效果器的作用和编辑流程 ● 说出自动咔嗒声效果器的作用 ● 简述自动咔嗒声效果器的编辑流程 5. 自适应降噪效果的作用和编辑流程 ● 说出自适应降噪效果的作用 ● 简述自适应降噪效果的编辑流程 6. 消除嗡嗡声效果的作用和编辑流程 ● 说出消除嗡嗡声效果的作用 ● 简述消除嗡嗡声效果的编辑流程 7. 自动相位校正效果的作用和编辑流程 ● 说出自动相位校正效果的作用 ● 简述自动相位校正效果的编辑流程 8. 立体声声像的概念和作用 ● 说出立体声声像的概念和作用 9. 中置声道的作用和编辑流程 ● 说出中置声道的作用 ● 简述中置声道的编辑流程 10. 图示相位变化的作用和编辑流程 ● 说出图示相位变化的作用 ● 简述图示相位变化的编辑流程 11. 手动或自动校正音频效果的特点、作用和编辑流程 ● 说出手动或自动校正音频效果的特点和作用 ● 简述手动或自动校正音频效果的编辑流程 12. 伸缩与变调调整音频效果的特点、作用和编辑流程 ● 说出伸缩与变调调整音频效果的特点和作用 ● 简述伸缩与变调调整音频效果的编辑流程	
6. 数字音频合成、编辑与发布	1. 数字音频合成与编辑 ● 能选择和使用合适的音频软件进行多轨音频合成与编辑 2. 数字音频发布 ● 能正确发布音频合成作品	1. 数字音频的发布流程 ● 简述数字音频的发布流程 2. 数字音频的发布途径和方法 ● 举例说明数字音频的发布途径 ● 举例说明数字音频的发布方法	4

（续表）

学习任务	技能与学习要求	知识与学习要求	参考学时
7. 数字音视频合成、编辑与发布	1. 视频导入 ● 能将一段视频插入多轨音频轨道中 ● 能通过动态链接将 Premiere Pro 序列发送至 Adobe Audition 软件 2. 数字音视频合成与编辑 ● 能使用混音功能自动调整任何音乐，并匹配任何时长的视频 3. 数字音视频发布 ● 能正确发布音视频合成作品	1. 视频导入的方法 ● 说出视频导入的优点 ● 简述视频导入的流程 2. 音视频合成的方法 ● 简述音视频合成的方法 3. 数字音频发布的流程 ● 简述数字音频发布的流程 4. 数字音频发布的途径和方法 ● 举例说明数字音频发布的途径 ● 举例说明数字音频发布的方法	6
总学时			72

五、 实施建议

（一）教材编写与选用建议

1. 应依据本课程标准编写教材或选用教材，从国家和市级教育行政部门发布的教材目录中选用教材，优先选用国家和市级规划教材。

2. 教材要充分体现育人功能，紧密结合教材内容、素材，有机融入课程思政要求，将课程思政内容与专业知识、技能有机统一。

3. 教材编写应转变以教师为中心的传统教材观，以学生的"学"为中心，遵循中职学生的学习特点与规律，以学生的思维方式设计教材结构和组织教材内容。

4. 教材编写应以"数字音频处理"工作领域的职业能力为逻辑线索，按照职业能力培养由易到难、由简单到复杂、由单一到综合的规律，确定教材各部分的目标、内容，并进行相应的任务、活动设计等，从而构建结构清晰、层次分明的教材内容体系。

5. 教材在进行整体设计和内容选取时，要注重引入行业发展的新业态、新知识、新技术、新工艺、新方法，对应相应的职业标准和岗位要求，贴近工作实际，体现先进性和实用性，创设或引入职业情境，增强教材的职场感。

6. 教材应以学生为本，增强对学生的吸引力，贴近岗位技能与知识的要求，符合学生的认知，采用生动活泼的、学生乐于接受的语言、图表等呈现内容，让学生在使用教材时有亲切感、真实感。

7. 教材应注重实践内容的可操作性，强调在操作中理解与应用理论。

（二）教学实施建议

1. 切实推进课程思政在教学中的有效落实,寓价值观引导于知识传授和能力培养中,帮助学生塑造正确的世界观、人生观、价值观。深入梳理教学内容,结合课程特点,充分挖掘课程内容中的思政元素,把思政教学与专业知识、技能教学融为一体,达到润物无声的育人效果。

2. 充分体现职业教育"实践导向、任务引领、理实一体、做学合一"的课改理念,紧密联系数字媒体技术应用行业的实际应用,以岗位的典型工作任务为载体,加强理论教学与实践教学的结合,充分利用各种实训场所与设备,以学生为教学主体,以能力为本位,以职业活动为导向,以专业技能为核心,使学生在做中学、学中做,引导学生进行实践和探索,注重培养学生的实际操作能力、分析问题和解决问题的能力。

3. 牢固树立以学生为中心的教学理念,充分尊重学生。教师应成为学生学习的组织者、指导者和同伴,遵循学生的认知特点和学习规律,围绕学生的"学"设计教学活动。

4. 改变传统的灌输式教学,充分调动学生学习的积极性、能动性,采取灵活多样的教学方式,积极探索自主学习、合作学习、探究式学习、问题导向式学习、体验式学习、混合式学习等体现教学新理念的教学方式,提高学生学习的兴趣。

5. 依托多元的现代信息技术手段,将其有效运用于教学,改进教学方法与手段,提升教学效果。

6. 注重技能训练及重点环节的教学设计,每次活动都办求使学生上一个新台阶,技能训练既有连续性又有层次性。

7. 注重培养学生良好的操作习惯,把法治意识、规范意识、安全意识、质量意识、服务意识、职业道德和敬业精神融入教学活动中,促进学生综合职业素养的养成。

（三）教学评价建议

1. 以课程标准为依据,开展基于课程标准的教学评价。

2. 以评促教、以评促学,通过课堂教学及时评价,不断改进教学手段。

3. 教学评价始终坚持德技并重的原则,构建德技融合的专业课教学评价体系,把思政和职业素养的评价内容与要求细化为具体的评价指标,有机融入专业知识与技能的评价指标体系中,形成可观察可测量的评价量表,综合评价学生学习情况。通过有效评价,在日常教学中不断促进学生良好的思想品德和职业素养的形成。

4. 注重日常教学中对学生学习的评价,充分利用多种过程性评价工具,如评价表、记录袋等,积累过程性评价数据,形成过程性评价与终结性评价相结合的评价模式。

5. 在日常教学中开展对学生学习的评价时,充分利用信息化手段,借助各类较成熟的教育评价平台,探索线上与线下相结合的评价模式,提高评价的科学性、专业性和客观性。

(四) 资源利用建议

1. 充分利用和开发常用课程资源。建议选用国家规划教材和辅助教学资料,开发适合教学使用的多媒体教学资源库和多媒体教学课件。利用幻灯片、投影、录屏、微课等营造生动形象的学习环境,激发学生的学习兴趣,促进学生对专业知识的理解和掌握。建议加强数字音频处理课程资源的开发,建立"线上＋线下"课程资源数据库,努力实现中职学校之间的课程资源共享。

2. 积极利用和开发网络课程资源。引导学生挖掘丰富的在线资源,自主学习与数字媒体技术应用相关的指导视频。充分利用电子书籍、电子期刊、数字图书馆、教育网站和电子论坛等,使教学媒体从单一媒体向多媒体转变,使教学活动从信息的单向传递向双向交换转变,使学生从单独学习向合作学习转变。

3. 通过产学合作开发本专业课程实训资源。加强与数字媒体技术应用领域的公司合作,建立实习实训基地,满足学生的实习实训需求,并在此过程中进行数字音频处理课程实训资源的开发。

影视后期特效课程标准

┃课程名称

影视后期特效

┃适用专业

中等职业学校数字媒体技术应用专业

一、 课程性质

本课程是中等职业学校数字媒体技术应用专业数字影音处理方向的一门专业技能课程,也是该专业的一门限定选修课程。其功能是使学生掌握影视后期特效制作、影视合成等基础知识和基本技能,具备从事影视后期制作、广告后期制作、栏目包装岗位所需的职业能力。本课程是数字影视后期制作等课程的后续课程,为学生后续学习特效解析、微电影制作等课程奠定基础。

二、 设计思路

本课程的总体设计思路是:遵循任务引领、做学一体的原则,根据数字媒体技术应用专业职业岗位的工作任务与职业能力分析结果,以"影视后期特效制作"工作领域的相关工作任务与职业能力为依据而设置。

课程内容紧紧围绕影视后期特效制作从业人员应具备的职业能力要求,选取了预合成制作、动画制作、合成制作、调色制作等内容,并融入"1 + X"数字影像处理职业技能等级证书(初级)的相关考核要求。

课程内容组织按照职业能力发展规律和学生认知规律,以数字影视特效制作的典型工作任务为逻辑主线,包括预合成制作、动画制作、合成制作、调色制作、影像跟踪、抠像制作、特效制作、镜头输出 8 个学习任务。以任务为引领,通过任务整合相关知识、技能与职业素养,充分体现任务引领型课程的特点。

本课程建议学时数为 144 学时。

三、 课程目标

通过本课程的学习,学生能熟悉特效合成技术的基础知识,掌握影视后期特效制作、产品包装、影视合成等基本技能,达到影视后期特效制作岗位的相关考核要求,具体达成以下职业素养和职业能力目标。

(一)职业素养目标

- 养成良好的职业道德、安全意识、服务意识。
- 养成认真负责、严谨细致、刻苦钻研、精益求精的职业态度。
- 养成良好的团队合作意识,服从团队分工,乐于倾听他人的意见和建议。
- 具有较强的责任心,尽职尽责,敢于担当,不推诿。
- 热爱本专业,坚定职业理想与信念,不断关注行业相关的新技术、新动态。
- 具备良好的产品意识,遵守职业道德规范。

(二)职业能力目标

- 能分类整理镜头所需的素材。
- 能根据设定完成镜头预合成。
- 能运用关键帧完成动画制作。
- 能根据需求进行运动路径绘制。
- 能使用图形编辑器完成动画节奏调整。
- 能根据设定完成三维渲染素材和实拍素材合成。
- 能根据设定完成三维空间的场景搭建。
- 能根据设定合理创建灯光并完成相关设置。
- 能根据设定完成摄像机创建和编辑。
- 能使用调色工具完成相同场景镜头之间的色彩匹配。
- 能按照创作要求对镜头进行风格化调色处理。
- 能使用运动跟踪技术消除镜头抖动。
- 能使用运动跟踪技术完成二维、三维动态匹配。
- 能使用蓝幕或绿幕键控工具完成抠像制作。
- 能使用 Roto Brush 工具完成手动抠像制作。
- 能使用特效软件完成粒子制作。
- 能使用特效软件完成动态光效制作。
- 能制作文字特效。
- 能使用动态链接工具完成多软件协同工作。
- 能根据需求输出最终镜头。

四、 课程内容与要求

学习任务	技能与学习要求	知识与学习要求	参考学时
1. 预合成制作	1. 项目创建 ● 能设置 AE 的各项参数 ● 能新建项目和合成 ● 能快速切换工作界面 ● 能自定义工作布局 2. 素材导入 ● 能导入素材 ● 能导入多图层素材 3. 项目命名及保存 ● 能以企业规范定义项目名称 ● 能使用软件将素材一键整合至统一目录 ● 能正确设置项目的自动保存	1. 界面布局要求 ● 描述界面布局要求 2. AE 的相关设置方法 ● 说出 AE 界面颜色的设置方法 ● 说出 AE 缓存的设置方法 3. AE 内存分配流程与方法 ● 说出 AE 内存分配及调整方法 ● 说明 AE 的操作流程 4. 分类素材的方法 ● 归纳图片、音频、视频素材格式 5. 多图层、多轨素材导入 ● 归纳多图层、多轨素材格式 ● 说出多图层、多轨素材导入的方法 6. 团队合作规范 ● 说出适合团队共同完成项目的命名方式 ● 说出一键整理素材的方法 7. 自动保存及其优缺点 ● 描述自动保存的方法及时间长短的优缺点	8
2. 动画制作	1. 合理使用形状工具 ● 能绘制几何图形 ● 能绘制特定图形 ● 能绘制变形几何图形 ● 能使用钢笔工具绘制图形 ● 能完成形状图形参数设置 2. 蒙版层应用 ● 能绘制几何图形蒙版 ● 能绘制特定图形蒙版 ● 能使用钢笔工具绘制自定义图形蒙版 ● 能完成蒙版参数设置 ● 能将形状蒙版拖到预合成模块上	1. 形状工具 ● 说出形状工具的变化方法 ● 说出形状图层特效的添加方法 2. 钢笔工具 ● 概述钢笔工具的作用及绘图方法 ● 说出叠加图形混合的种类和方法 3. 蒙版的功能与作用 ● 辨认形状图层与蒙版 ● 简述蒙版路径的作用 ● 简述蒙版在特效中的地位 ● 简述反转蒙版的作用 4. 蒙版羽化与拓展的作用 ● 简述蒙版羽化的作用 ● 简述蒙版扩展的作用	24

（续表）

学习任务	技能与学习要求	知识与学习要求	参考学时
2. 动画制作	3. 关键帧动画制作 ● 能完成关键帧添加和删除 ● 能制作缓动关键帧动画 ● 能制作浮动关键帧动画 ● 能制作指数关键帧动画 ● 能实现空间曲线调整 ● 能实现时间曲线调整	5. 关键帧动画 ● 解释关键帧动画的概念 ● 说出添加和删除关键帧的方法 6. 缓入和缓出关键帧 ● 说出缓入关键帧的作用 ● 说出缓出关键帧的作用 7. 关键帧的延展作用 ● 说出缓动关键帧的作用 ● 说出指数关键帧的作用 8. 漂浮穿梭时间的作用 ● 说出漂浮穿梭时间的作用	
3. 合成制作	1. 综合图层运用 ● 能完成嵌套合成 ● 能掌握 AE 的七种图层类型及创建方式 ● 能使用遮罩运算与操作 ● 能制作三维图层动画 2. 灯光架设 ● 能架设摄像机 ● 能布置聚光灯 ● 能布置平行光 ● 能布置点光源 ● 能布置环境光 3. 摄像机反求 ● 能架设 3D 摄像机跟踪 ● 能定义三维坐标系的地平面和原点 ● 能创建图层应用摄像机反求 ● 能实现 HDR 高动态光照渲染应用 4. 表达式使用 ● 能使用简单表达式实现动画 ● 能使用简单表达式实现等比例或随机变化	1. 图层的属性和遮罩 ● 说出图层的五个属性 ● 说出遮罩运算方法 2. 图层类型与混合方法 ● 列举 AE 的七种图层类型 ● 说出图层混合方法 3. 三维图层 ● 说出三维图层中的空间属性 ● 列举三维图层多视图显示方法 4. 灯光的种类与用途 ● 列举灯光的种类 ● 描述各类灯光的用途 5. 灯光参数 ● 说出灯光对话框中各参数的意义及设置方法 ● 说出灯光及阴影的使用方法 6. 3D 摄像机跟踪的相关知识 ● 说出摄像机跟踪的步骤 ● 说出三维坐标系中确定地平面和原点的依据 7. 脚本语言基础 ● 复述常见脚本语言表达式 ● 列举常见表达式函数及命令	24
4. 调色制作	1. 视频颜色校正 ● 能使用亮度/对比度命令 ● 能使用色阶命令 ● 能使用曲线命令	1. 亮度/对比度和色阶 ● 说出亮度/对比度对话框中各参数的意义及设置方法 ● 解释色阶原理并解读直方图	16

（续表）

学习任务	技能与学习要求	知识与学习要求	参考学时
4. 调色制作	● 能使用曝光度命令 ● 能使用阴影/高光命令 2. 影视色彩校正 ● 能使用色相/饱和度特效 ● 能使用色彩平衡 RGB 特效 ● 能使用可选颜色分离特效 ● 能使用更改颜色特效 ● 能使用保留颜色特效 ● 能使用色调/三色调特效 ● 能使用颜色平衡 HLS 特效 ● 能使用反转特效 3. 影片调色 ● 能完成视频画面分析 ● 能完成不同亮度视频调色处理 ● 能对画面缺陷进行调整 ● 能使用调节层对合成整体进行调色	2. 曲线和曝光度 ● 说出曲线对话框中各参数的意义及设置方法 ● 说出曝光度对话框中各参数的意义及设置方法 3. 阴影/高光 ● 说出阴影/高光对话框中各参数的意义及设置方法 4. 影视色彩校正的相关知识 ● 说出色相/饱和度对话框中各参数的意义及设置方法 ● 说出色彩平衡、颜色分离、更改颜色、保留颜色对话框中各参数的意义及设置方法 5. 色调/三色调 ● 说出色调/三色调的作用 ● 判断色调/三色调的区别 ● 说出反转对话框中各参数的意义及设置方法 6. 色彩三要素和搭配原理 ● 记住色彩三要素 ● 复核色彩搭配原理 7. 色谱和色环及常见调色方法 ● 概述色谱和色环的原理与特点 ● 说出常见调色方法	
5. 影像跟踪	1. 去除镜头抖动 ● 能完成视频稳定操作 ● 能在视频稳定后对画面进行扩边 2. 图像跟踪 ● 能完成单点跟踪动画制作 ● 能完成四点跟踪动画制作 ● 能完成透视跟踪动画制作 3. 三维功能应用 ● 能使用运动跟踪功能提升画质并制作动画 ● 能利用运动追踪功能让目标对象与原对象的运动相匹配 ● 能完成三维空间中的图层定位	1. 画面稳定的方法 ● 说出画面稳定对话框中各参数的意义及设置方法 ● 理解稳定画面后素材放大处理的方法 2. 视频跟踪技术 ● 说出跟踪技术的原理及其应用范围 ● 描述跟踪技术对素材的基本要求 3. 视频跟踪的种类与效果 ● 列举视频跟踪的种类 ● 描述各类跟踪效果的功能 4. 不同跟踪的差异 ● 描述单点跟踪与两点跟踪的差异 ● 说出四点跟踪与透视跟踪的差异 5. 优化跟踪特效的方法 ● 说出如何优化跟踪特效	16

(续表)

学习任务	技能与学习要求	知识与学习要求	参考学时
6. 抠像制作	1. 纯色背景抠像 ● 能使用颜色范围特效 ● 能根据画面优化抠像效果 ● 能依据视频素材选择对应的抠像特效 ● 能熟练使用线性颜色键抠像 ● 能使用快速绘制内部/外部键抠像 ● 能使用颜色差值键抠像 ● 能掌握 Keylight 特效参数设置方法 ● 能快速使用 Keylight 抠像 ● 能正常使用吸管工具 ● 能使用 Screen Matte 视图工具 ● 能针对画面进行黑白区域调整 ● 能完成复杂背景视频抠像 ● 能快速设置 Roto Brush 工作环境 ● 能熟练使用 Roto Brush 的快捷键以提升效率 ● 能使用 Roto Brush 细化边缘	1. 抠像的概念 ● 说出颜色范围抠像的概念 ● 说出颜色范围对话框中各参数的意义及设置方法 2. 抠像方法 ● 说出线性颜色键对话框中各参数的意义及设置方法 ● 说出颜色差值键对话框中各参数的意义及设置方法 ● 说出内部/外部键对话框中各参数的意义及设置方法,并区分不同抠像特效的差异 3. 抠像功能与区域 ● 简述 Screen Gain、Screen Balance 的功能 ● 简述抠像吸色区域 4. 抠像参数及画面 ● 简述 Screen Matte 的意义 ● 简述 Clip Black/White 对画面的影响 ● 简述 Clip Rollback 的功能 5. 遮罩 ● 简述遮罩的意义 ● 简述遮罩在 Keylight 特效中的意义 ● 简述遮罩对抠像画面提升的意义 6. Roto Brush 抠像的概念 ● 知道 Roto Brush 操作中的环境设置、操作规则 ● 说出 Roto Brush 的快捷键与工作原理	16
7. 特效制作	1. 常用视频效果 ● 能使用 3D 通道效果添加三维特效 ● 能使用风格化效果对素材进行合适的艺术化处理 ● 能使用过时效果 ● 能合理选用模糊和锐化效果给素材添加正确的模糊和锐化特效 ● 能使用模拟效果给素材添加各类仿真特效	1. 常用视频效果的参数和设置方法 ● 说出 3D 通道效果的各项参数和设置方法 ● 列举风格化效果的各项参数和设置方法 ● 复述过时效果的各项参数和设置方法 ● 区分模糊和锐化效果的各项参数和设置方法 ● 区分模拟效果的各项参数和设置方法 ● 举例说明扭曲效果的各项参数和设置方法 ● 列举生成效果的各项参数和设置方法 ● 描述时间效果的各项参数和设置方法	32

（续表）

学习任务	技能与学习要求	知识与学习要求	参考学时
7. 特效制作	● 能使用扭曲效果给素材添加变形特效 ● 能使用生成效果给素材添加各种常见自然现象特效 ● 能使用时间效果控制素材的时间节奏 ● 能使用实用工具效果 ● 能使用透视效果给素材添加透视特效 ● 能使用文本效果 ● 能使用音频效果给素材添加音频特效 ● 能使用杂色和颗粒效果给素材添加杂色和颗粒特效 ● 能使用遮罩效果对素材进行艺术化处理 2. 文字图层创建 ● 能利用文本图层创建文字 ● 能利用文本工具创建文字 3. 文字特效制作 ● 能利用文字预设特效快速制作文字效果 ● 能制作各种文字特效	● 描述实用工具效果的各项参数和设置方法 ● 说明透视效果的各项参数和设置方法 ● 说明文本效果的各项参数和设置方法 ● 说出音频效果的各项参数和设置方法 ● 比较杂色和颗粒效果的各项参数和设置方法 ● 分析遮罩效果的各项参数和设置方法 ● 说出文字属性面板的作用 ● 识记文字属性面板中的常用属性参数设置 2. 文字特效 ● 说出文字特效在影片中起到的作用 ● 列举常用的文字预设特效 ● 说出文字预设特效的效果	
8. 镜头输出	1. 影片渲染 ● 能按照要求渲染作品 ● 能完成不同格式的渲染输出 2. Media Encoder 渲染 ● 能使用 Media Encoder 打开 AE/PR 项目文件 ● 能使用 Media Encoder 快速设置渲染选项 ● 能使用 Media Encoder 批量输出视频	1. 常见格式及输出方法 ● 归纳各类输出格式 ● 说出渲染设置方法 2. 输出格式 ● 说出各类音视频格式的优缺点 ● 解释恒定编码与可变编码对视频输出大小的影响 3. 视频格式 ● 列举 Media Encoder 可打开的项目种类 ● 复述 Media Encoder 音视频输出的设置方法 ● 列举 AE 可输出的音视频格式种类 4. 批量输出与定时渲染的方法 ● 描述批量输出的方法 ● 说出定时渲染的方法	8
总学时			144

五、 实施建议

（一）教材编写与选用建议

1. 应依据本课程标准编写教材或选用教材，从国家和市级教育行政部门发布的教材目录中选用教材，优先选用国家和市级规划教材。

2. 教材要充分体现育人功能，紧密结合教材内容、素材，有机融入课程思政要求，将课程思政内容与专业知识、技能有机统一。

3. 教材编写应转变以教师为中心的传统教材观，以学生的"学"为中心，遵循中职学生的学习特点与规律，以学生的思维方式设计教材结构和组织教材内容。

4. 教材编写应以"影视后期特效制作"工作领域的职业能力为逻辑线索，按照职业能力培养由易到难、由简单到复杂、由单一到综合的规律，确定教材各部分的目标、内容，并进行相应的任务、活动设计等，从而构建结构清晰、层次分明的教材内容体系。

5. 教材在进行整体设计和内容选取时，要注重引入行业发展的新业态、新知识、新技术、新工艺、新方法，对应相应的职业标准和岗位要求，贴近工作实际，体现先进性和实用性，创设或引入职业情境，增强教材的职场感。

6. 教材应以学生为本，增强对学生的吸引力，贴近岗位技能与知识的要求，符合学生的认知，采用生动活泼的、学生乐于接受的语言、图表等呈现内容，让学生在使用教材时有亲切感、真实感。

7. 教材应注重实践内容的可操作性，强调在操作中理解与应用理论。

（二）教学实施建议

1. 切实推进课程思政在教学中的有效落实，寓价值观引导于知识传授和能力培养中，帮助学生塑造正确的世界观、人生观、价值观。深入梳理教学内容，结合课程特点，充分挖掘课程内容中的思政元素，把思政教学与专业知识、技能教学融为一体，达到润物无声的育人效果。

2. 充分体现职业教育"实践导向、任务引领、理实一体、做学合一"的课改理念，紧密联系数字媒体技术应用行业的实际应用，以岗位的典型工作任务为载体，加强理论教学与实践教学的结合，充分利用各种实训场所与设备，以学生为教学主体，以能力为本位，以职业活动为导向，以专业技能为核心，使学生在做中学、学中做，引导学生进行实践和探索，注重培养学生的实际操作能力、分析问题和解决问题的能力。

3. 牢固树立以学生为中心的教学理念，充分尊重学生。教师应成为学生学习的组织者、指导者和同伴，遵循学生的认知特点和学习规律，围绕学生的"学"设计教学活动。

4. 改变传统的灌输式教学，充分调动学生学习的积极性、能动性，采取灵活多样的教学方式，积极探索自主学习、合作学习、探究式学习、问题导向式学习、体验式学习、混合式学习

等体现教学新理念的教学方式,提高学生学习的兴趣。

5. 依托多元的现代信息技术手段,将其有效运用于教学,改进教学方法与手段,提升教学效果。

6. 注重技能训练及重点环节的教学设计,每次活动都办求使学生上一个新台阶,技能训练既有连续性又有层次性。

7. 注重培养学生良好的操作习惯,把法治意识、规范意识、安全意识、质量意识、服务意识、职业道德和敬业精神融入教学活动中,促进学生综合职业素养的养成。

(三) 教学评价建议

1. 以课程标准为依据,开展基于课程标准的教学评价。

2. 以评促教、以评促学,通过课堂教学及时评价,不断改进教学手段。

3. 教学评价始终坚持德技并重的原则,构建德技融合的专业课教学评价体系,把思政和职业素养的评价内容与要求细化为具体的评价指标,有机融入专业知识与技能的评价指标体系中,形成可观察可测量的评价量表,综合评价学生学习情况。通过有效评价,在日常教学中不断促进学生良好的思想品德和职业素养的形成。

4. 注重日常教学中对学生学习的评价,充分利用多种过程性评价工具,如评价表、记录袋等,积累过程性评价数据,形成过程性评价与终结性评价相结合的评价模式。

5. 在日常教学中开展对学生学习的评价时,充分利用信息化手段,借助各类较成熟的教育评价平台,探索线上与线下相结合的评价模式,提高评价的科学性、专业性和客观性。

(四) 资源利用建议

1. 充分利用和开发常用课程资源。建议选用国家规划教材和辅助教学资料,开发适合教学使用的多媒体教学资源库和多媒体教学课件。利用幻灯片、投影、录屏、微课等营造生动形象的学习环境,激发学生的学习兴趣,促进学生对专业知识的理解和掌握。建议加强影视后期特效课程资源的开发,建立"线上 + 线下"课程资源数据库,努力实现中职学校之间的课程资源共享。

2. 积极利用和开发网络课程资源。引导学生挖掘丰富的在线资源,自主学习与数字媒体技术应用相关的指导视频。充分利用电子书籍、电子期刊、数字图书馆、教育网站和电子论坛等,使教学媒体从单一媒体向多媒体转变,使教学活动从信息的单向传递向双向交换转变,使学生从单独学习向合作学习转变。

3. 通过产学合作开发本专业课程实训资源。加强与数字媒体技术应用领域的公司合作,建立实习实训基地,满足学生的实习实训需求,并在此过程中进行影视后期特效课程实训资源的开发。

虚拟现实引擎技术课程标准

┃ 课程名称

虚拟现实引擎技术

┃ 适用专业

中等职业学校数字媒体技术应用专业

一、课程性质

本课程是中等职业学校数字媒体技术应用专业虚拟现实技术应用方向的一门专业技能课程,也是该专业的一门限定选修课程。其功能是使学生了解虚拟现实技术的基本原理,了解虚拟现实引擎的主要功能,初步具备虚拟现实作品的设计制作能力,能满足虚拟现实引擎应用岗位的职业技能要求。本课程需要学生具备基础的平面图像与三维模型制作处理能力,为学生后续学习其他专业课程奠定基础。

二、设计思路

本课程的总体设计思路是:遵循任务引领、理实一体的原则,根据数字媒体技术应用专业职业岗位的工作任务与职业能力分析结果,以"虚拟现实引擎应用"工作领域的相关工作任务与职业能力为依据而设置。

课程内容紧紧围绕虚拟现实引擎应用从业人员应具备的职业能力要求,选取了虚拟现实引擎安装和配置、素材导入、场景合成、不同材质制作、光照环境搭建、摄像机设置、引擎渲染参数设置、光照渲染调试等内容,遵循适度够用的原则,确定相关理论知识、专业技能与要求,并融入"1+X"虚拟现实应用设计与制作职业技能等级证书(初级)的相关考核要求。

课程内容组织按照职业发展规律和学生认知规律,以虚拟现实引擎应用的典型工作任务为逻辑主线,由易到难,循序渐进,包括虚拟现实项目创建、素材准备与整理、虚拟场景合成、灯光设置、光照环境搭建、渲染参数设置、环境光照渲染、场景后期渲染 8 个学习任务。以任务为引领,通过任务整合相关知识、技能与职业素养,充分体现任务引领型课程的特点。

本课程建议学时数为 108 学时。

三、 课程目标

通过本课程的学习,学生能了解虚拟现实引擎技术的基本原理和主要功能;能根据项目需求准备前期素材,并在对各类前期素材进行统一整理的基础上将其导入虚拟现实引擎,以及在引擎中进行虚拟场景的合成;掌握引擎渲染调试能力,如合理布置光源并进行参数调整,根据项目需求表现光照效果;通过虚拟现实引擎的综合应用,能设计简单的虚拟现实案例,进行场景漫游,并在电脑上进行演示,从而达到虚拟现实引擎应用岗位的相关考核要求,具体达成以下职业素养和职业能力目标。

(一) 职业素养目标

- 养成良好的职业道德、安全意识、服务意识。

- 养成认真负责、严谨细致、刻苦钻研、精益求精的职业态度。

- 养成良好的团队合作意识,服从团队分工,乐于倾听他人的意见和建议。

- 热爱本专业,坚定职业理想与信念,持续关注行业动态,更新知识结构。

- 树立科学的设计和创新意识。

- 培养良好的审美意识。

- 遵守互联网法律法规,尊重作品版权。

(二) 职业能力目标

- 能了解虚拟现实引擎的工作原理。

- 能按照规范创建虚拟现实项目。

- 能完成前期素材的整理与导入。

- 能在引擎中进行场景合成。

- 能了解物理光照原理。

- 能根据要求合理创建灯光。

- 能合理布置光源并进行参数调整。

- 能合理设置引擎渲染参数。

- 能使用引擎进行光照渲染调试。

- 能根据项目需求呈现光照效果。

- 能为虚拟现实项目添加后期处理效果。

四、 课程内容与要求

学习任务	技能与学习要求	知识与学习要求	参考学时
1. 虚拟现实项目创建	1. 安装和配置虚拟现实引擎 ● 能安装虚拟现实引擎 ● 能配置引擎环境 2. 虚拟现实项目规划与管理 ● 能创建虚拟现实项目 ● 能规划项目制作进度	1. 虚拟现实的基本概念 ● 简述虚拟现实的概念 ● 概括虚拟现实与增强现实的特征 2. 虚拟现实引擎的工作原理 ● 简述虚拟现实效果的实现原理 ● 说出虚拟现实引擎的工作原理 3. 虚拟现实项目的工作流程 ● 概括虚拟现实项目开发的主要流程 ● 列举项目各流程的主要工作	6
2. 素材准备与整理	1. 搜集与整理素材 ● 能根据需求搜集制作素材 ● 能整理素材并统一规格 2. 导入三维模型素材 ● 能按照要求导入三维模型素材 ● 能合理配置导入的三维模型素材 3. 导入材质与贴图素材 ● 能按照要求导入材质与贴图素材 ● 能合理配置导入的材质与贴图素材 4. 整理项目素材 ● 能对不同素材进行整理和分类 ● 能对素材进行统一规范命名	1. 三维模型的制作规范与技巧 ● 说出三维模型的面数要求和导出标准 ● 概括多边形模型的制作规范 2. PBR 的概念 ● 说出 PBR 的基本概念 ● 简述 PBR 各通道的主要作用 3. PBR 材质的制作规范与标准 ● 概括 PBR 材质的制作规范 ● 简述材质与贴图导出标准	24
3. 虚拟场景合成	1. 搭建三维虚拟场景 ● 能调整模型的大小与位置 ● 能组合摆放各种模型 2. 调整光照环境 ● 能设置环境贴图效果 ● 能创建环境主光源 3. 创建游览相机 ● 能创建自由游览相机 ● 能合理设置相机参数 4. 输出演示作品 ● 能合理设置输出参数 ● 能打包发布演示作品	1. 虚拟相机 ● 列举虚拟相机与真实相机的共同点 ● 简述虚拟相机的作用原理 2. 虚拟现实发布平台 ● 列举发布虚拟现实作品的主要平台 ● 说出主要平台上发布作品的配置要求 3. 作品发布步骤 ● 说出虚拟现实作品的组成结构 ● 简述发布虚拟现实作品的主要步骤	12

（续表）

学习任务	技能与学习要求	知识与学习要求	参考学时
4. 灯光设置	1. 灯光创建 ● 能在引擎中创建平行光 ● 能在引擎中创建区域光 ● 能在引擎中创建点光源 ● 能在引擎中创建聚光灯 ● 能在引擎中创建光照探测器 2. 灯光参数调节 ● 能适当调整光照范围 ● 能适当调整灯光亮度 ● 能正确设置灯光阴影	1. 光源特性与使用场景 ● 列举平行光、区域光的主要特性与使用场景 ● 列举点光源、聚光灯的主要特性与使用场景 2. 光照探测器的工作原理与使用场景 ● 说出光照探测器的工作原理与使用场景 3. 环境布光规律与要点 ● 简述主光源布光要点 ● 简述辅光源布光要点 ● 简述背光源布光要点	8
5. 光照环境搭建	1. 环境布光 ● 能完成复合光源环境布光 ● 能调整光线环境氛围 2. 引擎光照渲染 ● 能进行全局光照渲染 ● 能进行混合光照渲染	1. 真实世界中的光线传播原理 ● 概括光线漫反射传播的物理规律 ● 概括光线镜面反射传播的物理规律 2. 引擎光照渲染原理 ● 简述全局光照渲染运算原理 ● 简述混合光照渲染运算原理	8
6. 渲染参数设置	1. 渲染准备工作 ● 能根据渲染类型设置模型属性 ● 能根据渲染类型设置灯光属性 2. 渲染器参数设置 ● 能调整光照采样参数 ● 能调整光照贴图参数 ● 能调整环境光遮蔽参数 ● 能调整天空盒材质参数 ● 能根据需求调试渲染参数	1. 渲染器参数的功能与设置方法 ● 简述光照采样参数的功能与设置方法 ● 简述光照贴图参数的功能与设置方法 ● 说出环境光遮蔽的概念与实际效果 2. 天空盒 ● 简述天空盒的成像原理 ● 简述天空盒光照效果的调试方法	14
7. 环境光照渲染	1. 烘焙环境光照 ● 能合理控制场景整体亮度 ● 能合理控制全局照明强度 ● 能合理控制漫反射阴影范围 2. 调整环境光照效果 ● 能合理控制整体渲染时间 ● 能合理控制整体渲染精度 ● 能调试引擎渲染效果	1. 渲染管线 ● 说出渲染管线的基本原理 ● 列举渲染管线的主要工作流程 2. 全局照明原理与生成过程 ● 说出全局照明原理 ● 简述全局照明生成过程	12

（续表）

学习任务	技能与学习要求	知识与学习要求	参考学时
8. 场景后期渲染	1. 室内场景渲染表现 ● 能准确把控室内各区域光照亮度 ● 能渲染表现室内空间效果 ● 能通过灯光调整室内整体氛围 2. 室外场景渲染表现 ● 能准确把控室外各区域光照亮度 ● 能渲染表现室外空间效果 ● 能通过灯光调整室外整体氛围 3. 后期处理效果运用 ● 能通过环境贴图改善照明效果 ● 能使用场景特效丰富画面细节 ● 能使用后期处理效果提升画面质量	1. 室内场景光照渲染规律 ● 列举室内环境光照特性 ● 归纳室内空间光照规律 ● 简述室内环境光照渲染流程 2. 室外场景光照渲染规律 ● 列举室外环境光照特性 ● 归纳室外空间光照规律 ● 简述室外环境光照渲染流程 3. 后期处理效果的功能与实现原理 ● 列举主要后期处理效果的功能 ● 简述后期处理效果的实现原理	24
总学时			108

五、 实施建议

（一）教材编写与选用建议

1. 应依据本课程标准编写教材或选用教材，从国家和市级教育行政部门发布的教材目录中选用教材，优先选用国家和市级规划教材。

2. 教材要充分体现育人功能，紧密结合教材内容、素材，有机融入课程思政要求，将课程思政内容与专业知识、技能有机统一。

3. 教材编写应转变以教师为中心的传统教材观，以学生的"学"为中心，遵循中职学生的学习特点与规律，以学生的思维方式设计教材结构和组织教材内容。

4. 教材编写应以"虚拟现实引擎应用"工作领域的职业能力为逻辑线索，按照职业能力培养由易到难、由简单到复杂、由单一到综合的规律，确定教材各部分的目标、内容，并进行相应的任务、活动设计等，从而构建结构清晰、层次分明的教材内容体系。

5. 教材在进行整体设计和内容选取时，要注重引入行业发展的新业态、新知识、新技术、新工艺、新方法，对应相应的职业标准和岗位要求，贴近工作实际，体现先进性和实用性，创设或引入职业情境，增强教材的职场感。

6. 教材应以学生为本，增强对学生的吸引力，贴近岗位技能与知识的要求，符合学生的认知,采用生动活泼的、学生乐于接受的语言、图表等呈现内容,让学生在使用教材时有亲切感、真实感。

7. 教材应注重实践内容的可操作性,强调在操作中理解与应用理论。

（二）教学实施建议

1. 切实推进课程思政在教学中的有效落实,寓价值观引导于知识传授和能力培养中,帮助学生塑造正确的世界观、人生观、价值观。深入梳理教学内容,结合课程特点,充分挖掘课程内容中的思政元素,把思政教学与专业知识、技能教学融为一体,达到润物无声的育人效果。

2. 充分体现职业教育"实践导向、任务引领、理实一体、做学合一"的课改理念,紧密联系数字媒体技术应用行业的实际应用,以岗位的典型工作任务为载体,加强理论教学与实践教学的结合,充分利用各种实训场所与设备,以学生为教学主体,以能力为本位,以职业活动为导向,以专业技能为核心,使学生在做中学、学中做,引导学生进行实践和探索,注重培养学生的实际操作能力、分析问题和解决问题的能力。

3. 牢固树立以学生为中心的教学理念,充分尊重学生。教师应成为学生学习的组织者、指导者和同伴,遵循学生的认知特点和学习规律,围绕学生的"学"设计教学活动。

4. 改变传统的灌输式教学,充分调动学生学习的积极性、能动性,采取灵活多样的教学方式,积极探索自主学习、合作学习、探究式学习、问题导向式学习、体验式学习、混合式学习等体现教学新理念的教学方式,提高学生学习的兴趣。

5. 依托多元的现代信息技术手段,将其有效运用于教学,改进教学方法与手段,提升教学效果。

6. 注重技能训练及重点环节的教学设计,每次活动都办求使学生上一个新台阶,技能训练既有连续性又有层次性。

7. 注重培养学生良好的操作习惯,把法治意识、规范意识、安全意识、质量意识、服务意识、职业道德和敬业精神融入教学活动中,促进学生综合职业素养的养成。

（三）教学评价建议

1. 以课程标准为依据,开展基于课程标准的教学评价。

2. 以评促教、以评促学,通过课堂教学及时评价,不断改进教学手段。

3. 教学评价始终坚持德技并重的原则,构建德技融合的专业课教学评价体系,把思政和职业素养的评价内容与要求细化为具体的评价指标,有机融入专业知识与技能的评价指标体系中,形成可观察可测量的评价量表,综合评价学生学习情况。通过有效评价,在日常教学中不断促进学生良好的思想品德和职业素养的形成。

4. 注重日常教学中对学生学习的评价,充分利用多种过程性评价工具,如评价表、记录袋等,积累过程性评价数据,形成过程性评价与终结性评价相结合的评价模式。

5. 在日常教学中开展对学生学习的评价时,充分利用信息化手段,借助各类较成熟的教育评价平台,探索线上与线下相结合的评价模式,提高评价的科学性、专业性和客观性。

(四) 资源利用建议

1. 充分利用和开发常用课程资源。建议选用国家规划教材和辅助教学资料,开发适合教学使用的多媒体教学资源库和多媒体教学课件。利用幻灯片、投影、录屏、微课等营造生动形象的学习环境,激发学生的学习兴趣,促进学生对专业知识的理解和掌握。建议加强虚拟现实引擎技术课程资源的开发,建立"线上 + 线下"课程资源数据库,努力实现中职学校之间的课程资源共享。

2. 积极利用和开发网络课程资源。引导学生挖掘丰富的在线资源,自主学习与数字媒体技术应用相关的指导视频。充分利用电子书籍、电子期刊、数字图书馆、教育网站和电子论坛等,使教学媒体从单一媒体向多媒体转变,使教学活动从信息的单向传递向双向交换转变,使学生从单独学习向合作学习转变。

3. 通过产学合作开发本专业课程实训资源。加强与数字媒体技术应用领域的公司合作,建立实习实训基地,满足学生的实习实训需求,并在此过程中进行虚拟现实引擎技术课程实训资源的开发。

虚拟现实与增强现实应用技术课程标准

▌课程名称

虚拟现实与增强现实应用技术

▌适用专业

中等职业学校数字媒体技术应用专业

一、课程性质

本课程是中等职业学校数字媒体技术应用专业虚拟现实技术应用方向的一门专业技能课程,也是该专业的一门限定选修课程。其功能是使学生既能了解实现虚拟现实与增强现实交互效果的技术原理,掌握不同硬件设备的类别与使用方法,也能根据项目需求进行合理设计,制作带有虚拟现实或增强现实交互效果的作品,并通过相应的设备进行交互演示,能满足虚拟现实与增强现实应用岗位的职业技能要求。本课程需要学生具备三维模型制作能力,并能将模型导入虚拟现实引擎,以及进行合成与渲染处理,为学生后续学习其他专业课程奠定基础。

二、设计思路

本课程的总体设计思路是:遵循任务引领、理实一体的原则,根据数字媒体技术应用专业职业岗位的工作任务与职业能力分析结果,以"虚拟现实与增强现实应用"工作领域的相关工作任务与职业能力为依据而设置。

课程内容紧紧围绕虚拟现实与增强现实应用从业人员应具备的职业能力要求,选取了地形创建、粒子特效制作、交互界面制作、交互功能开发、产品发布、虚拟现实软硬件安装和配置、产品运行和测试等内容,遵循适度够用的原则,确定相关理论知识、专业技能与要求,并融入"1＋X"虚拟现实应用设计与制作职业技能等级证书(初级)的相关考核要求。

课程内容组织按照职业能力发展规律和学生认知规律,以虚拟现实与增强现实应用的典型工作任务为逻辑主线,由易到难,循序渐进,包括地形创建、粒子特效制作、物理系统设置、交互界面制作、交互功能开发、产品打包发布、虚拟现实软硬件安装和配置、产品运行和测试 8 个学习任务。以任务为引领,通过任务整合相关知识、技能与职业素养,充分体现任务引领型课程的特点。

本课程建议学时数为 108 学时。

三、 课程目标

通过本课程的学习,学生能了解实现虚拟现实与增强现实交互效果的技术原理,了解不同识别方式的区别与实现方式,掌握不同硬件设备的类别与使用方法;掌握虚拟现实与增强现实工具组件的设置与使用方法,能将虚拟对象与交互设备或识别对象进行关联;掌握基本的项目策划能力,能根据项目需求进行设计,选择合理的交互方式,制作带有虚拟现实或增强现实交互效果的作品,并通过对应的设备进行交互演示,从而达到虚拟现实与增强现实应用岗位的相关考核要求,具体达成以下职业素养和职业能力目标。

(一)职业素养目标

- 养成良好的职业道德、安全意识、服务意识。

- 养成认真负责、严谨细致、刻苦钻研、精益求精的职业态度。

- 养成良好的团队合作意识,服从团队分工,乐于倾听他人的意见和建议。

- 热爱本专业,坚定职业理想与信念,持续关注行业动态,更新知识结构。

- 树立科学的设计和创新意识。

- 培养良好的审美意识。

- 遵守互联网法律法规,尊重作品版权。

(二)职业能力目标

- 能了解实现虚拟现实与增强现实交互效果的技术原理。

- 能制作图形用户界面并实现其功能。

- 能在引擎中实现交互功能。

- 能掌握虚拟现实与增强现实工具组件的设置与使用方法。

- 能实现虚拟现实与增强现实环境中的交互效果。

- 能在项目中实现虚拟现实效果。

- 能在项目中实现增强现实效果。

- 能正确安装虚拟现实与增强现实软硬件并根据环境进行配置。

- 能在不同平台上发布虚拟现实与增强现实作品。

- 能运行和测试发布的作品。

四、 课程内容与要求

学习任务	技能与学习要求	知识与学习要求	参考学时
1. 地形创建	1. 基础地面创建 ● 能正确配置地形组件 ● 能正确设置地形大小规模 2. 地形细节绘制 ● 能绘制地形局部纹理 ● 能添加装饰以美化地形	1. 常见地形外观特征 ● 列举不同地貌结构与外观特点 ● 简述地形参数的功能与设置方法 2. 地形参数的调整方法 ● 简述地形密度的调整方法 ● 简述地形高度的调整方法	8
2. 粒子特效制作	1. 粒子特效系统创建 ● 能在场景中创建合适的粒子系统 ● 能根据需求调整粒子发射效果 2. 粒子特效材质设置 ● 能根据需求设置粒子材质 ● 能合理调试粒子效果	1. 粒子系统作用原理 ● 说出粒子系统作用原理 ● 列举常用粒子发射器的显示效果 2. 粒子系统参数的设置方法 ● 简述粒子运算参数的设置方法 ● 简述粒子材质的特性与设置方法	8
3. 物理系统设置	1. 刚体模型对象设置 ● 能给模型对象设置刚体属性 2. 模型物理碰撞设置 ● 能给模型对象设置物理碰撞属性 ● 能约束主体在场景内的活动范围 3. 模型对象重力效果设置 ● 能给模型对象添加重力属性 ● 能调试运动主体的跳跃效果 4. 碰撞检测应用 ● 能编写代码并进行碰撞检测 5. 触发器应用 ● 能编写并使用触发函数 ● 能应用触发器结束游戏	1. 刚体 ● 说出刚体的定义 ● 简述刚体属性在引擎中的作用 2. 刚体组件的常用方法 ● 识记刚体组件的常用方法 3. 物理碰撞 ● 说出物理碰撞的定义 ● 简述物理碰撞属性在引擎中的作用 4. 碰撞体组件的类型 ● 识记碰撞体组件的类型 ● 说出不同游戏对象适用的碰撞体组件 5. 碰撞体组件的特点及参数含义 ● 识记碰撞体组件的特点 ● 识记 2D 和 3D 碰撞体组件的参数含义 6. 碰撞的条件 ● 归纳不同运动状态下两个物体碰撞的条件	16
4. 交互界面制作	1. 二维界面类型设置 ● 能根据需求选择合适的画布类型 ● 能合理设置画布的大小与位置	1. UI 画布 ● 说出画布的不同类型 ● 列举不同画布的使用场景	16

学习任务	技能与学习要求	知识与学习要求	参考学时
4. 交互界面制作	2. 给界面画布添加图像元素 ● 能制作图像元素 ● 能设置图像组件参数 3. 给界面画布添加文字 ● 能创建文字对象 ● 能设置文字组件参数 4. 给界面画布添加按钮 ● 能制作界面按钮 ● 能设置按钮参数 5. 通过按钮实现场景切换 ● 能给游戏制作按钮 UI 并添加点击交互效果 ● 能给游戏制作多场景，并实现点击按钮即可切换场景的效果	2. UI 交互反馈的作用与设计方法 ● 列举 UI 交互反馈的作用 ● 归纳 UI 交互反馈的设计方法 ● 说出界面组件参数的设置方法 3. 图像组件的作用 ● 识记图像组件各参数的作用 4. 文字组件参数与使用方法 ● 识记文字组件参数 ● 识记文字组件的使用方法 5. 按钮组件的作用 ● 识记按钮组件参数 ● 识记按钮组件的使用方法 6. 场景切换的方法 ● 识记切换场景的方法	
5. 交互功能开发	1. 主体移动功能制作 ● 能使主体对象水平移动 ● 能使主体对象跳跃 ● 能使主体对象旋转方向 ● 能设置功能按键映射 2. UI 交互功能制作 ● 能通过鼠标事件控制 UI 切换命令 ● 能实现 UI 显示切换功能 3. 物理交互功能制作 ● 能通过鼠标事件控制模型物理交互功能 ● 能通过物理碰撞触发事件 4. 材质切换功能制作 ● 能使模型在多个不同材质之间切换 5. 灯光切换功能制作 ● 能使灯光在多个不同状态之间切换	1. 可视化编程的基本知识 ● 列举可视化编程的作用 ● 概括可视化编程的特点 ● 说出可视化编程的使用方法 2. 数据类型 ● 简述整型的定义与使用方法 ● 简述浮点型的定义与使用方法 ● 简述布尔型的定义与使用方法 3. 数组的特点和定义方式 ● 识记数组的特点 ● 识记四种数组的定义方式 4. 面向对象的特征 ● 识记面向对象的特征 5. 类的声明格式 ● 识记类的声明格式 6. 类的成员类型 ● 识记类的成员类型 7. 类的继承规则 ● 识记类的继承规则 8. Input 类的作用 ● 说出常见的游戏输入方式	32

（续表）

学习任务	技能与学习要求	知识与学习要求	参考学时
5. 交互功能开发		● 识记 Input 类的作用 9. 键盘输入事件的使用方法 ● 识记各类键盘输入事件的使用方法 10. 鼠标输入事件的使用方法 ● 识记各类鼠标输入事件的使用方法 11. 鼠标输入事件的属性 ● 识记各类鼠标输入事件的属性	
6. 产品打包发布	1. 虚拟现实作品打包发布 ● 能根据需求选择合适的发布平台 ● 能将输出项目进行打包 2. 增强现实作品打包发布 ● 能根据需求选择合适的发布平台 ● 能将输出项目进行打包 ● 能将项目打包成移动端应用	1. 发布平台 ● 说出不同发布平台的特点 ● 列举不同发布平台的主要区别 2. 游戏输出的格式要求 ● 识记脚本中设置游戏分辨率的代码格式 ● 识记宏定义的格式 3. 项目输出参数的作用与设置方法 ● 简述项目输出参数的作用与设置方法	8
7. 虚拟现实软硬件安装和配置	1. 虚拟现实硬件安装 ● 能正确组装虚拟现实硬件 ● 能正确配置虚拟现实硬件驱动 ● 能合理设置操作空间 2. 增强现实软件配置 ● 能在移动端正确安装项目应用	1. 虚拟现实硬件 ● 列举虚拟现实硬件的主要参数指标 ● 简述虚拟现实硬件的显示原理 ● 说出虚拟现实硬件的定位方法 2. 增强现实软件 ● 列举增强现实软件 ● 简述增强现实软件的功能	8
8. 产品运行和测试	1. 游戏界面设计测试 ● 能检验界面整体设计的符合度 2. 游戏输入设备测试 ● 能检验输入设备的反馈及时性 3. 游戏性能测试 ● 能对游戏的功能性、可玩性等进行测试 4. 游戏修改建议撰写 ● 能对所测游戏产品提出合理修改意见	1. 游戏测试的标准 ● 识记游戏测试的标准 2. 游戏测试的方法 ● 识记游戏测试的方法 3. 游戏测试的流程 ● 识记游戏测试的流程 4. 游戏界面设计测试的要点 ● 识记游戏界面设计测试的要点 5. 游戏输入设备测试的要点 ● 识记游戏输入设备测试的要点 6. 游戏性能测试的要点 ● 识记游戏性能测试的要点	12
总学时			108

五、 实施建议

（一）教材编写与选用建议

1. 应依据本课程标准编写教材或选用教材，从国家和市级教育行政部门发布的教材目录中选用教材，优先选用国家和市级规划教材。

2. 教材要充分体现育人功能，紧密结合教材内容、素材，有机融入课程思政要求，将课程思政内容与专业知识、技能有机统一。

3. 教材编写应转变以教师为中心的传统教材观，以学生的"学"为中心，遵循中职学生的学习特点与规律，以学生的思维方式设计教材结构和组织教材内容。

4. 教材编写应以"虚拟现实与增强现实应用"工作领域的职业能力为逻辑线索，按照职业能力培养由易到难、由简单到复杂、由单一到综合的规律，确定教材各部分的目标、内容，并进行相应的任务、活动设计等，从而构建结构清晰、层次分明的教材内容体系。

5. 教材在进行整体设计和内容选取时，要注重引入行业发展的新业态、新知识、新技术、新工艺、新方法，对应相应的职业标准和岗位要求，贴近工作实际，体现先进性和实用性，创设或引入职业情境，增强教材的职场感。

6. 教材应以学生为本，增强对学生的吸引力，贴近岗位技能与知识的要求，符合学生的认知，采用生动活泼的、学生乐于接受的语言、图表等呈现内容，让学生在使用教材时有亲切感、真实感。

7. 教材应注重实践内容的可操作性，强调在操作中理解与应用理论。

（二）教学实施建议

1. 切实推进课程思政在教学中的有效落实，寓价值观引导于知识传授和能力培养中，帮助学生塑造正确的世界观、人生观、价值观。深入梳理教学内容，结合课程特点，充分挖掘课程内容中的思政元素，把思政教学与专业知识、技能教学融为一体，达到润物无声的育人效果。

2. 充分体现职业教育"实践导向、任务引领、理实一体、做学合一"的课改理念，紧密联系数字媒体技术应用行业的实际应用，以岗位的典型工作任务为载体，加强理论教学与实践教学的结合，充分利用各种实训场所与设备，以学生为教学主体，以能力为本位，以职业活动为导向，以专业技能为核心，使学生在做中学、学中做，引导学生进行实践和探索，注重培养学生的实际操作能力、分析问题和解决问题的能力。

3. 牢固树立以学生为中心的教学理念，充分尊重学生。教师应成为学生学习的组织者、指导者和同伴，遵循学生的认知特点和学习规律，围绕学生的"学"设计教学活动。

4. 改变传统的灌输式教学，充分调动学生学习的积极性、能动性，采取灵活多样的教学方式，积极探索自主学习、合作学习、探究式学习、问题导向式学习、体验式学习、混合式学习

等体现教学新理念的教学方式,提高学生学习的兴趣。

5. 依托多元的现代信息技术手段,将其有效运用于教学,改进教学方法与手段,提升教学效果。

6. 注重技能训练及重点环节的教学设计,每次活动都办求使学生上一个新台阶,技能训练既有连续性又有层次性。

7. 注重培养学生良好的操作习惯,把法治意识、规范意识、安全意识、质量意识、服务意识、职业道德和敬业精神融入教学活动中,促进学生综合职业素养的养成。

(三) 教学评价建议

1. 以课程标准为依据,开展基于课程标准的教学评价。

2. 以评促教、以评促学,通过课堂教学及时评价,不断改进教学手段。

3. 教学评价始终坚持德技并重的原则,构建德技融合的专业课教学评价体系,把思政和职业素养的评价内容与要求细化为具体的评价指标,有机融入专业知识与技能的评价指标体系中,形成可观察可测量的评价量表,综合评价学生学习情况。通过有效评价,在日常教学中不断促进学生良好的思想品德和职业素养的形成。

4. 注重日常教学中对学生学习的评价,充分利用多种过程性评价工具,如评价表、记录袋等,积累过程性评价数据,形成过程性评价与终结性评价相结合的评价模式。

5. 在日常教学中开展对学生学习的评价时,充分利用信息化手段,借助各类较成熟的教育评价平台,探索线上与线下相结合的评价模式,提高评价的科学性、专业性和客观性。

(四) 资源利用建议

1. 充分利用和开发常用课程资源。建议选用国家规划教材和辅助教学资料,开发适合教学使用的多媒体教学资源库和多媒体教学课件。利用幻灯片、投影、录屏、微课等营造生动形象的学习环境,激发学生的学习兴趣,促进学生对专业知识的理解和掌握。建议加强虚拟现实与增强现实应用技术课程资源的开发,建立"线上 + 线下"课程资源数据库,努力实现中职学校之间的课程资源共享。

2. 积极利用和开发网络课程资源。引导学生挖掘丰富的在线资源,自主学习与数字媒体技术应用相关的指导视频。充分利用电子书籍、电子期刊、数字图书馆、教育网站和电子论坛等,使教学媒体从单一媒体向多媒体转变,使教学活动从信息的单向传递向双向交换转变,使学生从单独学习向合作学习转变。

3. 通过产学合作开发本专业课程实训资源。加强与数字媒体技术应用领域的公司合作,建立实习实训基地,满足学生的实习实训需求,并在此过程中进行虚拟现实与增强现实应用技术课程实训资源的开发。

上海市中等职业学校专业教学标准开发

总项目主持人　谭移民

上海市中等职业学校
数字媒体技术应用专业教学标准开发
项目组成员名单

项目组长	葛　睿	上海信息技术学校
项目副组长	任　健	上海信息技术学校
	朱文娟	上海信息技术学校
项目组成员	（按姓氏笔画排序）	
	王　琦	上海市信息管理学校
	朱文娟	上海信息技术学校
	任　健	上海信息技术学校
	刘迎春	上海南湖职业技术学院
	孙谦之	上海信息技术学校
	苏　艳	上海市材料工程学校
	杜时英	上海市现代流通学校
	张智晶	上海信息技术学校
	陈玉红	上海市商业学校
	周悦文	上海市材料工程学校
	高　嬿	上海市群星职业技术学校
	唐逸涛	上海信息技术学校
	葛　睿	上海信息技术学校
	韩　晔	上海市工业技术学校
	赖福生	上海信息技术学校
	鲍酝姣	上海工商信息学校
	熊路娜	上海信息技术学校

专家组成员 （按姓氏笔画排序）

吴正宏	上海幻维数码创意科技股份有限公司
张　锋	上海七牛信息技术有限公司
陈　苏	波克科技集团有限公司
周旭东	上海曼恒数字技术股份有限公司
郑燕琦	上海市经济管理学校
赵　欣	上海中侨职业技术大学
赵晨伊	晶程甲宇科技(上海)有限公司
袁婷婷	晶程甲宇科技(上海)有限公司

上海市中等职业学校
数字媒体技术应用专业教学标准
项目组成员任务分工表

姓　名	所　在　单　位	承　担　任　务
葛　睿	上海信息技术学校	行业、企业、院校调研 数字媒体技术应用专业教学标准研究、文本审核与统稿
任　健	上海信息技术学校	调研报告撰写 职业能力分析表、数字媒体技术应用专业教学标准研究、撰写与文本审核
朱文娟	上海信息技术学校	职业能力分析表、数字媒体技术应用专业教学标准研究与撰写 三维设计与制作、数字创意建模课程标准研究与撰写
高　嬿	上海市群星职业技术学校	职业能力分析表、专业课程体系建构表研究 实用美术基础课程标准研究与撰写
陈玉红	上海市商业学校	行业、企业、院校调研 职业能力分析表、专业课程体系建构表研究
鲍酝姣	上海工商信息学校	行业、企业、院校调研 职业能力分析表、专业课程体系建构表研究
韩　晔	上海市工业技术学校	平面设计与制作课程标准研究与撰写
王　琦	上海市信息管理学校	影视后期特效课程标准研究与撰写
苏　艳	上海市材料工程学校	数字音频处理课程标准研究与撰写
周悦文	上海市材料工程学校	数字音频处理课程标准研究与撰写
刘迎春	上海南湖职业技术学院	行业、企业、院校调研 职业能力分析表、专业课程体系建构表研究
杜时英	上海市现代流通学校	影视剪辑课程标准研究与撰写
赖福生	上海信息技术学校	三维动画制作技术课程标准研究与撰写
孙谦之	上海信息技术学校	摄影摄像技术课程标准研究与撰写
张智晶	上海信息技术学校	虚拟现实引擎技术、虚拟现实与增强现实应用技术课程标准研究与撰写
唐逸涛	上海信息技术学校	界面设计课程标准研究与撰写
熊路娜	上海信息技术学校	图形图像处理课程标准研究与撰写

图书在版编目（CIP）数据

上海市中等职业学校数字媒体技术应用专业教学标准 /
上海市教师教育学院（上海市教育委员会教学研究室）编.
上海：上海教育出版社，2024.10. — ISBN 978-7-5720-
2727-7

Ⅰ. TP37-41

中国国家版本馆CIP数据核字第2024UC4385号

责任编辑　袁　玲
封面设计　王　捷

上海市中等职业学校数字媒体技术应用专业教学标准
上海市教师教育学院（上海市教育委员会教学研究室）　编

出版发行　上海教育出版社有限公司
官　　网　www.seph.com.cn
地　　址　上海市闵行区号景路159弄C座
邮　　编　201101
印　　刷　上海昌鑫龙印务有限公司
开　　本　787×1092　1/16　印张 8.5
字　　数　166 千字
版　　次　2024年10月第1版
印　　次　2024年10月第1次印刷
书　　号　ISBN 978-7-5720-2727-7/G·2404
定　　价　42.00 元

如发现质量问题，读者可向本社调换　电话：021-64373213